INVENTAIRE

V 13586

I0068915

412

COMMISSION DE GÂVRE.

ANNÉE 1854.

COMMISSION DE GÂVRE.

6625

ANNÉE 1854.

DON.
N° 6502.

V

13586

(C.)

COMMISSION DE GÂVRE.

ANNÉE 1854.

RENSEIGNEMENTS

SUR

LES EFFETS DU TIR DES BOUCHES A FEU DE LA MARINE

DEMANDÉS PAR LA DÉPÊCHE DU 4 AVRIL 1854.

DÉVIATIONS DES PROJECTILES. PÉNÉTRATIONS. PORTÉES. PROBABILITÉS D'ATTEINDRE LE BUT.

Plusieurs dépêches, et notamment celles du 3 juin 1851 et du 4 avril 1854, prescrivent à la commission de Gâvre de rassembler des éléments, au moyen desquels on puisse comparer les effets balistiques des bouches à feu employées dans l'artillerie navale.

Ce n'est que pendant l'été que tous les membres de la commission se trouvent réunis, et alors tout leur temps est consacré à l'exécution et à la discussion des expériences. Dès que la campagne est terminée, ils se séparent, et chacun d'eux est rendu au service particulier dont il avait été détaché momentanément. Les mutations, d'ailleurs, sont nombreuses et se renouvellent à chaque campagne.

Aussi, dès la réception de la dépêche du 3 juin 1851, la Commission avait compris que le

1.

travail demandé ne pouvait être entrepris et sûrement continué que par M. Hélie, qui, depuis plus de vingt ans, remplit les fonctions de rapporteur.

M. Hélie s'occupa immédiatement de réunir les renseignements demandés dans la première partie de la dépêche du 3 juin; ces renseignements se trouvent dans le rapport daté du 16 du même mois.

Dans le but de satisfaire plus complétement aux intentions manifestées par M. le ministre, M. Hélie a continué ses recherches, et il venait de les terminer, au moment où la commission a reçu la dépêche du 4 avril 1854.

Ce travail, dont on va présenter une analyse succincte, a donc été immédiatement remis au président de la Commission.

Après avoir recueilli toutes les observations faites à Gâvre sur les déviations des projectiles, M. Hélie a corrigé les anomalies qu'elles présentaient, en les réunissant dans une même formule qui représente ainsi le résumé général des expériences. Cette formule, une fois établie, il a été facile de construire, pour toutes les bouches à feu de la marine, des tables donnant les déviations moyennes des projectiles.

Mais ces tables, considérées comme un moyen d'apprécier la justesse du tir, n'offrent que des indications insuffisantes au praticien. Ce qui importe surtout à ce dernier, c'est de savoir le nombre de projectiles qui, sur cent par exemple, atteindront probablement le but sur lequel il dirige ses coups.

M. Hélie s'est proposé de résoudre cette question. Guidé par des considérations d'une extrême simplicité et fondées d'ailleurs sur l'expérience, il s'est assuré que, dès que la déviation moyenne des projectiles était connue, la probabilité du tir pouvait être calculée avec une approximation suffisante.

Cherchant tous les moyens de vérifier les formules auxquelles il parvenait, il les a appliquées à des expériences exécutées à Vincennes en 1853. L'accord des résultats du calcul et des résultats du tir est tout à fait remarquable.

Il ne restait plus qu'à faire l'application de ces formules aux bouches à feu employées dans la marine. Supposant que le but était une frégate de 60, M. Hélie a calculé une suite de tables indiquant pour chaque bouche à feu, et pour des distances variant entre 800 et 2,000 mètres, le nombre de coups qui, sur 100, devraient probablement atteindre la frégate si le tir était bien dirigé.

Ces tables font connaître la justesse dont le tir est susceptible, mais elles ne suffisent pas pour apprécier les effets de ce dernier. Il faut encore savoir quelles sont les forces destructives probablement portées sur la frégate. Ces forces destructives sont données dans une suite de tables qui offrent ainsi le moyen le plus sûr de comparer entre elles les diverses bouches à feu.

Une dernière table indique les distances auxquelles les projectiles sont arrêtés par les murailles des bâtiments.

Quant à la comparaison des portées des bouches à feu sous les mêmes angles, elle est loin d'avoir l'importance que l'on a coutume d'y attacher. Il est assez indifférent en effet que la pièce soit pointée sous un angle un peu plus ou un peu moins élevé; ce qu'il faut savoir, ce sont les chances que l'on a d'atteindre l'ennemi, et les dommages qu'on peut lui faire éprouver.

Cette comparaison exige, d'ailleurs, un travail préliminaire. En effet, les diverses tables de tir, construites depuis 1840, ont toutes été calculées isolément; de là il résulte nécessairement qu'elles doivent présenter des irrégularités qui, sans importance pour la pratique, deviennent choquantes dans un tableau d'ensemble; il faut donc avant tout les faire disparaître. On ne peut y parvenir qu'en rassemblant tous les faits observés dans une même formule qui en offre le résumé général : c'est ce dont on s'occupe actuellement; mais ce travail demande d'assez longs calculs et par conséquent un certain temps.

La Commission, réduite à trois membres présents à Lorient, a pensé que, dans les circonstances actuelles, l'ouvrage dont elle vient de donner l'analyse serait d'une grande utilité s'il pouvait être mis promptement à la disposition des officiers de la flotte; et, sans attendre l'arrivée des nouveaux membres qui doivent la compléter, elle s'empresse de le faire parvenir à M. le ministre sous la forme d'un mémoire signé par l'auteur.

Lorient, le 25 avril 1854.

Les Membres présents de la Commission,

FILLIEUX, LECOINTRE.

MÉMOIRE

LA PROBABILITÉ DU TIR DES PROJECTILES

DE L'ARTILLERIE NAVALE,

PROFESSEUR À L'ÉCOLE D'ARTILLERIE DE LA MARINE.

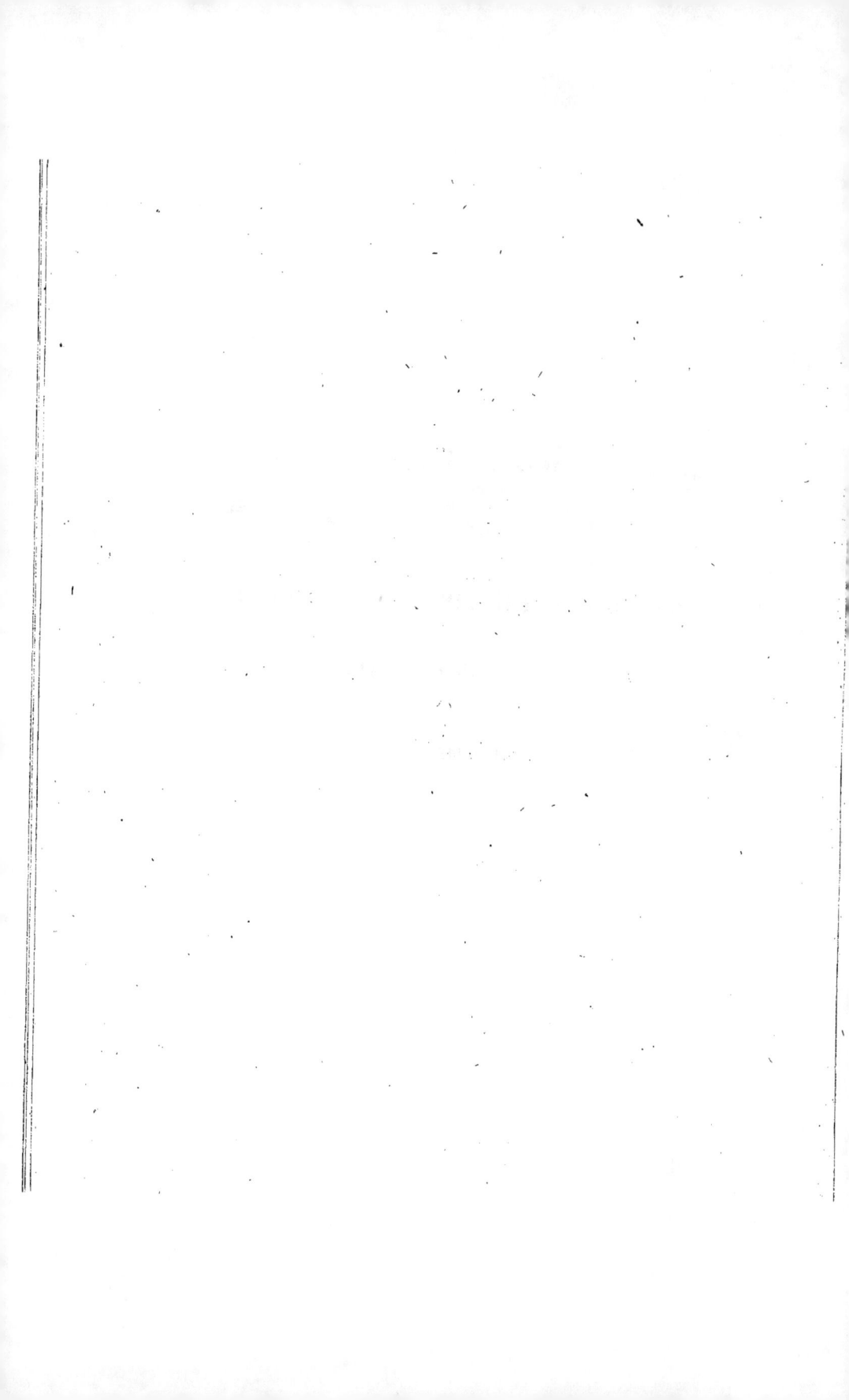

TABLE DES MATIÈRES.

MÉMOIRE

SUR

LA PROBABILITÉ DU TIR DES PROJECTILES

DE L'ARTILLERIE NAVALE.

§ 1er.

Tous les artilleurs savent que la justesse du tir ne dépend pas uniquement de l'habileté plus ou moins grande du pointeur, et reconnaissent l'influence qu'exercent, à cet égard, la nature du projectile, la grandeur de la vitesse initiale, etc.

Il serait à désirer qu'on eût une solution générale, sinon rigoureuse, du moins approximative de la question suivante :

Dans un tir bien dirigé, quelles sont les chances d'atteindre un but dont les dimensions et la position sont données ?

On connaîtrait alors la justesse dont le tir de chaque canon est susceptible, et, par suite, les effets destructeurs qu'on peut en attendre ; de plus, on aurait des bases certaines pour déterminer les distances auxquelles il convient d'engager le combat.

Enfin, on pourrait comparer entre elles les bouches à feu de tout genre, non-seulement celles qui sont en usage, mais celles dont on proposerait l'adoption.

§ 2.

Supposons que l'on tire un nombre immense de coups dans la même direction et dans les mêmes circonstances, en sorte que l'inclinaison du canon soit constante, aussi bien que la charge, et que les projectiles soient de même espèce.

Chaque boulet décrit une trajectoire particulière, mais la construction des tables de tir

2.

exige seulement que l'on connaisse la trajectoire moyenne; c'est donc de cette dernière que l'on s'occupe spécialement, et on cherche à la déterminer avec la plus grande exactitude.

On donne le nom de *déviation* à la distance qui sépare le projectile de la trajectoire moyenne.

Parmi les causes qui font varier les trajectoires, il en est deux qu'il convient de considérer plus particulièrement, les autres n'ayant que des effets secondaires ou accessoires.

Généralement, au moment où le projectile sort de la bouche à feu, la tangente à la courbe qu'il décrit ne coïncide pas avec la tangente à la trajectoire moyenne; ces deux lignes comprennent entre elles un petit angle que l'on peut appeler écart initial.

Il est bon d'observer, à ce sujet, que la tangente à la trajectoire moyenne ne doit pas être confondue avec la direction donnée à l'axe du canon; ces deux lignes diffèrent toujours un peu l'une de l'autre.

En outre, chaque projectile est soumis, dans tout le cours de son trajet, à l'action d'une certaine force déviatrice; sans s'occuper ici de l'origine de cette force, on peut, du moins, constater son existence.

$$ § \ 3. $$

Supposons, en effet, que chaque projectile, n'étant soumis à aucune force déviatrice, éprouve seulement un petit écart initial. Si l'on fait abstraction des petites différences que présentent les vitesses initiales, les diverses trajectoires sont alors sensiblement égales à la trajectoire moyenne qui ne fait en quelque sorte que se déplacer autour du point de départ, soient

$$ \varepsilon_1, \ \varepsilon_2, \ \varepsilon_3, \ \varepsilon_4 \ldots $$

les diverses valeurs des écarts. A une distance S, comptée sur la trajectoire moyenne, les déviations correspondantes sont sensiblement égales à

$$ \varepsilon_1 \, S, \ \varepsilon_2 \, S, \ \varepsilon_3 \, S, \ \varepsilon_4 \, S \ldots $$

Comme il ne s'agit que de leur grandeur et nullement de leur sens, toutes sont regardées comme positives. Si on désigne par *m* le nombre total des projectiles, et par Δ la déviation moyenne,

$$ \Delta = \frac{\varepsilon_1 + \varepsilon_2 + \varepsilon_3 + \varepsilon_4 + \cdots}{m} \, S. $$

Cette déviation moyenne Δ est donc proportionnelle à la distance.

Ainsi, si les écarts initiaux étaient les seules causes des déviations, la déviation moyenne serait proportionnelle à la distance; mais l'expérience montre qu'elle finit par croître plus rapidement, et cette seule circonstance suffit pour mettre hors de doute l'existence des forces déviatrices.

§ 4.

Supposons maintenant qu'aucun projectile n'éprouve d'écart initial, chaque trajectoire est alors, à l'origine du mouvement, tangente à la trajectoire moyenne.

La force déviatrice, variant d'un mobile à l'autre, les projectiles éprouvent des déviations fort différentes, et dont les valeurs, à une distance S, comptée sur la trajectoire moyenne, peuvent être représentées par

$$F_1(S), F_2(S), F_3(S)\ldots$$

Dès lors, si on désigne par Q la déviation moyenne due aux seules forces déviatrices,

$$Q = \frac{F_1(S) + F_2(S) + F_3(S) + \ldots}{m},$$

ou plutôt Q est la limite vers laquelle converge le second membre, à mesure que le nombre m des projectiles devient plus considérable.

§ 5.

Il convient actuellement d'examiner le cas, conforme d'ailleurs à la nature des choses, où chaque projectile éprouve un petit écart initial et est, de plus, soumis à une force déviatrice. Lorsque ces deux causes agissent précisément dans le même sens, les déviations particulières sont égales à

$$F(S) + \varepsilon S, \quad F_1(S) + \varepsilon_1 S, \quad F_2(S) + \varepsilon_2 S \ldots$$

et par conséquent la déviation moyenne est $Q + \Delta$.

Généralement, dans le tir des bouches à feu, à une certaine distance, les effets des forces déviatrices deviennent supérieurs à ceux des écarts initiaux. Dans ce cas, si les forces et les écarts sont dirigés dans des sens opposés, les déviations particulières sont égales à

$$F(S) - \varepsilon S, \quad F_1(S) - \varepsilon_1 S, \quad F_2(S) - \varepsilon_2 S \ldots$$

La déviation moyenne est $Q - \Delta$.

Le plus souvent, les directions de la force et de l'écart comprennent un certain angle, et ce n'est que fort rarement qu'elles se trouvent précisément de même sens ou de sens opposés. La déviation moyenne n'est donc égale ni à $Q + \Delta$ ni à $Q - \Delta$; elle est seulement comprise entre ces deux expressions.

Il est facile de voir qu'elle tend à se rapprocher de Q à mesure que le nombre des projectiles devient plus considérable. En effet, dans chaque déviation, le terme dépendant de la force déviatrice a le signe +, tandis que le terme qui représente l'effet de l'écart initial est tantôt positif et tantôt négatif.

Quand on ajoute toutes les déviations, la somme des termes dus aux écarts ne peut donc avoir qu'une faible valeur qui doit, à très-peu près, disparaître du résultat lorsque, pour avoir la déviation moyenne, on vient ensuite à diviser par le nombre de coups; c'est ce qui arrive pour les bouches à feu ordinaires, à une certaine distance, et lorsque le tir est bien dirigé.

Les déviations moyennes, observées et déduites d'un très-grand nombre de coups, peuvent être attribuées aux seules forces déviatrices, et représentent les valeurs de la quantité Q.

Cependant il y a toujours quelques coups dont les déviations sont principalement dues aux écarts initiaux, et il en résulte que les valeurs de Q ainsi obtenues doivent être un peu trop fortes.

§ 6.

La circonstance contraire se présente à une petite distance du canon; les forces n'ont encore produit que des effets peu sensibles, et il n'en est pas de même des écarts. La déviation moyenne est alors sensiblement égale à celle qui serait produite par les seuls écarts.

C'est ainsi que, dans le tir à mitraille, la dispersion des balles reste proportionnelle à la distance, tant que cette dernière ne dépasse pas 300 ou 400 mètres.

§ 7.

A ces distances intermédiaires entre celles dont nous venons de parler, la supériorité des effets appartient, tantôt à la force déviatrice, tantôt à l'écart initial. Dans ce cas, la déviation moyenne est à la fois plus grande que chacune des quantités Q et Δ, mais elle est inférieure à la somme Q + Δ.

A mesure que la distance croît, la valeur de la déviation moyenne converge vers Q; elle se rapproche au contraire de Δ quand la distance devient plus petite.

§ 8.

Lorsqu'on admet que les causes déviatrices se produisent indifféremment dans tous les sens, il suffit, pour obtenir les déviations moyennes, de rechercher les déviations latérales, que, d'ailleurs, l'expérience fait toujours connaître (1).

Dans un mémoire publié en 1844, on a réuni les résultats de toutes les expériences exécutées à Gâvre jusqu'à cette époque; on a cherché à les coordonner et à faire disparaître les

---

(1) L'inégalité des vitesses initiales des projectiles, dont on fait ici abstraction, rend, en général, la déviation verticale un peu supérieure à la déviation horizontale. Mais, dans le cas actuel, la différence est négligeable. Il y a des circonstances où il est nécessaire d'y avoir égard. Ainsi, dans le tir à deux boulets, les deux vitesses sont fort différentes l'une de l'autre, et l'écartement vertical des projectiles surpasse de beaucoup l'écartement horizontal.

anomalies en les rassemblant dans une même formule. Pour obtenir cette dernière, on a regardé, à partir d'une certaine distance, la déviation moyenne comme uniquement due à l'action d'une force déviatrice moyenne que l'on a supposée analogue à la résistance que l'air oppose au mouvement de translation, mais proportionnelle à la simple vitesse du mobile.

Depuis 1844, les faits se sont multipliés, et les vitesses initiales ont été mesurées à l'aide du pendule balistique. On n'a pas tardé à s'apercevoir que, dans le cas des petites charges, la formule donnait des valeurs trop petites; il y avait donc nécessité de la modifier, soit

a le diamètre
d la densité
p le poids
V la vitesse initiale
} du projectile.

S l'espace parcouru.
q la déviation moyenne.

Supposons la déviation q, la distance S et la vitesse initiale V exprimées en mètres, le diamètre a en décimètres et le poids en kilogrammes.

L'expression à laquelle on s'est arrêté est la suivante :

$$q = 0,007 \frac{S^2}{V \frac{p}{a^2}} \left[1 + \frac{3}{5} \frac{S}{V \frac{p}{a^2}} + \left(\frac{3}{5} \frac{S}{V \frac{p}{a^2}} \right)^2 \right],$$

et ce n'est plus qu'une simple formule empirique. Elle reproduit, avec une approximation suffisante, les résultats moyens des expériences exécutées à Gâvre sur les bouches à feu de tous calibres et même sur l'obusier de montagne.

Pour faciliter les applications, on y a introduit le rapport $\frac{p}{a^2}$ au lieu du produit ad auquel il est proportionnel.

La formule ne convient, d'ailleurs, qu'à partir de la distance à laquelle l'influence des forces déviatrices devient tout à fait prépondérante. Cette distance peut être évaluée à 500 mètres environ pour les canons de 30 tirant à fortes charges; pour l'obusier de montagne, elle est au-dessous de 300 mètres. A des distances moindres, la formule cesse de représenter les résultats du tir; elle donne des valeurs trop faibles.

§ 9.

DÉVIATIONS MOYENNES DES PROJECTILES EMPLOYÉS DANS L'ARTILLERIE NAVALE.

Les tables suivantes ont été déduites de la formule du § 8; on a indiqué les données de chaque calcul, savoir : le poids, le diamètre et la vitesse initiale du projectile. Les vitesses initiales, à quelques exceptions près que l'on a eu soin de mentionner, ont été calculées au moyen des formules construites d'après les expériences exécutées à Lorient, à l'aide du pendule balistique.

DISTANCE (mètres).	BOULETS MASSIFS DE 50. Poids.. 25ᵏ,26 Diamètre 1ᵈ,89 — Canon de 50. — 8ᵏ,00 — 450ᵐ (a)	BOULETS MASSIFS DE 36. Canon de 36. — 0ᵏ,00 — 480ᵐ	Canon de 36. — 4ᵏ,500 — 452ᵐ	BOULETS MASSIFS DE 30. Canon n° 1. — 5ᵏ,00 — 485ᵐ	Canon n° 1. — 3ᵏ,75 — 455ᵐ	Canon n° 2. — 3ᵏ,75 — 446ᵐ	Canon n° 3. — 3ᵏ,00 — 418ᵐ	Canon n° 1, 2, 3, 4. — 2ᵏ,5 — 397ᵐ (u)	Canon n° 4. Obusier de 16ᶜ. — 2ᵏ,00 — 367ᵐ (c)	Caronade — 1ᵏ,60 — 320ᵐ
600	0,9	0,9	1,0	1,0	1,1	1,1	1,2	1,3	1,4	1,6
800	1,6	1,8	1,9	1,9	2,0	2,1	2,2	2,4	2,6	3,1
1,000	2,7	2,9	3,1	3,0	3,3	3,4	3,7	3,9	4,3	5,2
1,200	4,1	4,4	4,7	4,6	5,1	5,2	5,6	6,0	6,6	8,1
1,400	5,8	6,2	6,7	6,6	7,3	7,5	8,1	8,6	9,7	11,8
1,600	7,8	8,5	9,2	9,0	10,1	10,4	11,1	12,0	13,5	16,6
1,800	10,4	11,3	12,3	12,0	13,5	13,9	14,9	16,1	18,2	22,6
2,000	13,4	14,4	15,9	15,5	17,6	18,2	19,4	21,1	23,9	30,0
2,200	16,9	18,5	20,2	19,7	22,5	23,1	24,8	27,0	30,8	38,9
2,400	21,0	23,0	25,3	24,6	28,2	29,2	31,2	34,1	38,9	49,6

DISTANCE (mètres).	BOULETS MASSIFS DE 12. Can. de 12 n° 1. — 2ᵏ,00 — 500ᵐ	Can. de 12 n° 1. — 1ᵏ,500 — 407ᵐ	Can. de 12 n° 2. — 1ᵏ,500 — 460ᵐ	Can. de 12 n° 1 et 2. — 1ᵏ,00 — 400ᵐ (z)	Caronade de 12. — 0ᵏ,65 — 300ᵐ	BOULETS CREUX de 27ᶜ. Obusier de 27ᶜ. — 5ᵏ,00 — 340ᵐ	BOULETS CREUX DE 22ᶜ. Obusier de 22 n° 1. — 3ᵏ,50 — 382ᵐ	Obusier de 22 n° 2. — 3ᵏ,00 — 355ᵐ	Obusier de 22 n° 3. — 2ᵏ,50 — 326ᵐ	BOULETS CREUX de 19ᶜ. Can. de 50. — 8ᵏ,00 — 550ᵐ	BOULETS CREUX de 17ᶜ. Can. de 36. — 4ᵏ,50 — 323ᵐ	Can. de 30 n° 1. — 3ᵏ,75 — 516ᵐ
600	1,3	1,4	1,5	1,8	2,5	1,3	1,4	1,5	1,7	1,2	1,3	1,3
800	2,6	2,8	2,8	3,4	5,0	2,5	2,7	2,9	3,3	2,3	2,4	2,4
1,000	4,2	4,7	4,7	5,7	8,7	4,1	4,5	4,9	5,5	3,7	4,3	4,0
1,200	6,6	7,2	7,3	8,9	13,9	6,3	6,9	7,6	8,5	5,8	6,5	6,2
1,400	9,4	10,4	10,7	13,2	20,7	9,2	10,0	11,1	12,6	8,2	9,4	8,9
1,600	13,2	14,5	14,9	18,6	30,3	12,7	13,9	15,6	17,7	11,3	13,1	12,3
1,800	17,7	19,7	20,2	25,4	42,2	17,1	18,8	21,1	24,1	15,3	17,0	16,6
2,000	23,2	25,9	26,4	33,8	57,3	22,5	24,8	27,9	32,0	19,8	23,2	21,7

BOULETS MASSIFS DE 24.			BOULETS MASSIFS DE 18.				OBSERVATIONS.
Poids........ 11k,93 Diamètre..... 0d,1474			Poids........ 9k,23 Diamètre..... 1d,342				
Canon de 24.	Canon de 24.	Caronade de 24.	Canon de 18 n° 1.	Canon de 18 n° 1.	Canon de 18 n° 2.	Caronade de 18.	
4k,00	3k,00	1k,30	3k,00	2k,25	2k,25	1k,00	
491m	458m	305m	496m	462m	456m	316m	
DÉVIATION (mètres).	DÉVIATION (mètres).	DÉVIATION (mètres).	DÉVIATION (mètres).	DÉVIATION (mètres).	DÉVIATION (mètres).	DÉVIATION (mètres).	
1,1	1,2	1,9	1,2	1,2	1,2	2,0	(A) Les formules donneraient une vitesse plus forte; la vitesse de 450m est indiquée par les portées.
2,0	2,2	3,6	2,2	2,3	2,3	3,8	(B) Les différences entre les vitesses qui correspondent aux quatre bouches à feu ne s'élèvent qu'à 1 ou 2 mètres.
3,3	3,6	6,1	3,6	3,8	3,8	6,4	(C) Les vitesses correspondantes aux deux bouches à feu ne présentent qu'une différence de 2 mètres.
5,0	5,5	9,6	5,4	5,8	5,9	10,2	
7,2	8,0	14,1	7,8	8,4	8,5	15,1	
9,9	10,9	20,0	10,7	11,6	11,8	21,5	
13,2	14,6	27,4	14,3	15,6	15,8	29,6	
17,1	19,0	36,6	18,7	20,4	20,7	39,6	
21,8	24,2	//	23,8	26,1	26,5	//	
27,3	30,5	//	29,0	32,9	33,4	//	

BOULETS CREUX DE 16c.				BOULETS CREUX DE 15c.		BOULETS CREUX DE 13c.			BOULETS CREUX DE 12c.				OBSERVATIONS.
Poids....... 11k,480 Diamètre.... 1d,602				Poids....... 8k,67 Diamètre.... 1d,485		Poids....... 6k,230 Diamètre.... 1d,348			Poids....... 4k,310 Diamètre.... 1d,184				
Can. de 30 n° 3.	C.de 30 n°1 C.de 30 n°2 C.de 30 n°3 C.de 30 n°4	Can. de 30 n° 4. Obusier de 16c.	Caronade.	Can. de 24.	Caronade de 24.	Can. de 18 n° 1.	Can. de 18 n° 2.	Caronade de 18.	Can. de 12 n° 1.	Can. de 12 n° 2.	Can. de 12 n°s 1 et 2.	Caronade de 12.	
3k,00	2k,50	2k,00	1k,60	3k,00	1k,30	2k,25	2k,25	1k,00	1k,500	1k,500	1k,00	0k,65	
477m	462m (c)	425m	350m	526m	355m	545m	539m	360m	548m	538m	482m	350m	
DÉVIATION (mètres).	DÉVIATION (mètres).	DÉVIATION (mètres).	DÉVIATION (mètres).	DÉVIATION (mètres).	DÉVIATION (mètres).	DÉVIATION (mètres).	DÉVIATION (mètres).	DÉVIATION (mètres).	DÉVIATION (mètres).	DÉVIATION (mètres).	DÉVIATION (mètres).	DÉVIATION (mètres).	
1,4	1,5	1,6	2,0	1,5	2,4	1,6	1,6	2,6	1,9	1,9	2,2	3,4	(B) Les différences entre les vitesses qui correspondent aux deux canons sont inférieures à 3 mètres.
2,6	2,8	3,1	3,9	2,8	4,7	3,2	3,2	5,4	3,6	3,6	4,3	7,1	(c) Les vitesses correspondant aux quatre bouches à feu ne présentent que de très-légères différences.
4,4	4,6	5,3	6,7	4,6	8,1	5,3	5,4	9,8	6,1	6,3	7,4	12,2	
6,8	7,2	8,1	10,5	7,2	12,9	8,2	8,4	15,1	9,6	9,9	11,7	19,8	
9,8	10,4	11,8	15,6	10,4	19,3	12,1	12,3	23,8	14,1	14,7	17,5	30,5	
13,6	14,6	16,0	22,2	14,6	27,7	17,0	17,3	34,6	20,1	20,8	25,0	44,8	
18,5	19,7	22,6	30,6	19,7	38,5	22,7	23,6	48,5	27,6	28,5	34,6	63,5	
24,4	26,1	29,9	41,0	24,6	52,5	30,6	31,4	66,2	36,9	38,1	48,8	87,5	

BOUCHE À FEU............	BOULETS CREUX DE 15ᶜ. Poids........ 8ᵏ,67 Diamètre..... 1ᵈ,485		BOULETS CREUX DE 12ᶜ. Poids........ 4ᵏ,510 Diamètre..... 1ᵈ,184			OBSERVATIONS.
	OBUSIER DE 15ᶜ en bronze.	OBUSIER DE 15ᶜ en bronze.	OBUSIER DE 12ᶜ n° 1.	OBUSIER DE 12ᶜ n° 1.	OBUSIER DE 12ᶜ N° 2 ou obusier de montagne.	
CHARGE.................	1ᵏ,00	0ᵏ,800	0ᵏ,400	0ᵏ,500	0ᵏ,270	
VITESSE INITIALE DU PROJEC-TILE.	347ᵐ	315ᵐ	335ᵐ	270ᵐ	244ᵐ (a)	
DISTANCE (mètres).	DÉVIATION (mètres).	DÉVIATION (mètres).	DÉVIATION (mètres).	DÉVIATION (mètres).	DÉVIATION (mètres).	
300	0,5	0,6	0,7	0,9	1,1	(a) Expériences de Metz.
400	1,0	1,1	1,4	1,7	2,1	
500	1,6	1,8	2,3	2,8	3,6	
600	2,5	2,8	3,6	4,4	5,7	
700	3,5	4,0	5,4	6,5	8,6	
800	4,8	5,6	7,3	9,1	12,2	
900	6,4	7,4	9,9	12,6	16,9	
1,000	8,4	9,7	13,1	16,7	22,8	
1,100	10,7	12,4	16,9	21,7	29,8	
1,200	13,3	15,6	21,4	27,8	38,7	

§ 10.

Lorsque, sur un nombre de coups m, supposé extrêmement considérable, il s'en trouve n qui frappent le but, le rapport $\frac{n}{m}$ est la probabilité d'atteindre le but, ou la probabilité du tir.

Si on veut employer un langage plus rigoureux, on dira : La probabilité du tir est la limite vers laquelle converge le rapport $\frac{n}{m}$, lorsque le nombre m croît indéfiniment.

Elle dépend à la fois des forces déviatrices et des écarts initiaux, et ce n'est que sur ces derniers que l'habileté du pointeur peut avoir de l'influence ; on sait, d'ailleurs, qu'à mesure que la distance croît, l'action des forces déviatrices devient de plus en plus prédominante.

§ 11.

Par un point O pris à une certaine distance sur la trajectoire moyenne, imaginons un plan normal à cette courbe. Les points atteints par les centres des divers projectiles, au moment où ils traversent ce plan, seront répartis autour du point O, suivant une certaine loi.

Tant qu'il ne s'agit que du tir surbaissé, le plan normal peut être, sans grande erreur, confondu avec un plan vertical. C'est même en partant de cette considération que l'on obtient l'équation de la trajectoire.

Si l'on supppose que les causes déviatrices agissent indifféremment et avec des intensités égales, dans tous les sens autour de la trajectoire moyenne, les points atteints par les centres des boulets et placés sur une même circonférence de cercle, ayant pour centre le point O, seront à peu près uniformément répartis sur tout le contour de cette dernière. Il est manifeste que leur nombre décroîtra à mesure que le rayon de la circonférence deviendra plus grand, et qu'il y aura une circonférence au delà de laquelle il ne passera aucun projectile. Le rayon de cette dernière sera égal à la déviation extrême ou maximum des boulets.

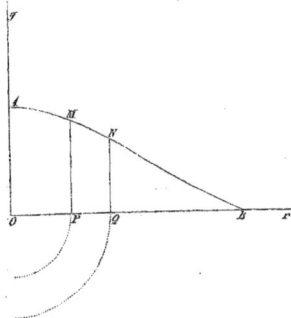

Imaginons dans ce même plan deux axes rectangulaires Or et Oy dont le premier soit horizontal. Au point P, où l'une des circonférences, dont le point O est le centre, vient rencontrer Or, élevons une ordonnée proportionnelle au nombre des boulets dont les centres ont atteint cette circonférence, ou, en d'autres termes, dont la déviation est égale à OP.

Fig. 1.

En répétant la même construction pour toutes les circonférences, on obtiendra une certaine courbe AMB. L'ordonnée OA, du point où cette ligne coupera l'axe Oy, sera égale au nombre des boulets dont les centres atteindront le point O; l'abscisse OB, du point où elle rencontrera l'axe Or, sera égale à la déviation extrême.

L'aire $\overline{AOB}$, comprise entre la courbe et les axes Or et Oy, représentera le nombre total des projectiles, tandis que l'aire $\overline{AOPM}$, représentera le nombre des boulets dont les centres tombent sur la circonférence ou dans l'intérieur du cercle dont le rayon est OP.

De même, le nombre des boulets, dont les centres atteignent l'espace annulaire compris entre les deux circonférences dont les rayons sont OP et OQ, sera représenté par l'aire $\overline{MNPQ}$ renfermée entre les deux ordonnées PM et QN.

Ainsi, en supposant les projectiles réduits à leurs centres, la probabilité d'atteindre le cercle, dont le rayon est OP, sera égale au rapport de l'aire $\overline{AOPM}$ à l'aire AOB.

S'il s'agissait de l'espace annulaire compris entre les circonférences dont les rayons sont OP et OQ, la probabilité serait égale au rapport de l'aire $\overline{MPQN}$ à l'aire $\overline{AOB}$.

Une ordonnée PM est proportionnelle à la probabilité d'obtenir une déviation égale à l'abscisse correspondante OP. La ligne AB peut donc être appelée *Courbe des probabilités des déviations.*

3.

§ 12.

On sait que la déviation moyenne s'obtient en divisant la somme de toutes les déviations par leur nombre. Ce calcul revient à multiplier chaque portion

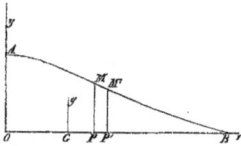

Fig. 2.

d'aire, telle que PMP'M', comprise entre deux ordonnées infiniment voisines PM et P'M', par l'abscisse correspondante OP, ou, en d'autres termes, à prendre le moment de cette aire élémentaire relativement à l'axe Oy, à faire ensuite la somme de tous ces moments et à la diviser par l'aire totale $\overline{AOB}$, d'où il est bien clair que la déviation moyenne n'est autre chose que l'abscisse OG du centre de gravité g de l'aire $\overline{AOB}$.

Ainsi, la déviation moyenne est égale à l'abscisse du centre de gravité de l'aire comprise entre l'axe des abscisses et la courbe des probabilités des déviations.

§ 13.

Il est vraisemblable que, dans le voisinage de l'ordonnée maximum OA, la courbe des probabilités des déviations tourne sa concavité vers l'axe des abs-

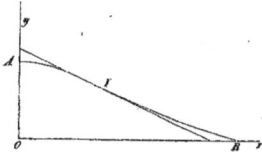

Fig. 3.

cisses, et que le contraire arrive près du point extrême B; dès lors, elle doit, dans l'intervalle, avoir un point d'inflexion I.

La tangente en ce point traverse la courbe; entre le point A et le point I, les ordonnées de la tangente sont supérieures à celles de la courbe; entre le point I et le point B, elles leur sont inférieures. Les différences, d'ailleurs, sont d'autant moindres, que la courbe a une forme plus allongée, ou, en d'autres termes, que la déviation moyenne est plus considérable.

Peut-être, dans les circonstances que présente habituellement la pratique, est-il permis de les considérer comme négligeables : alors la courbe, au moins dans une grande partie de son cours, serait remplacée par une simple ligne droite; mais cette question ne peut être décidée que par l'expérience.

§ 14.

Si la courbe des probabilités se réduisait à une ligne droite, l'aire AOB serait celle d'un triangle, et l'abscisse OG, du centre de gravité, serait le tiers

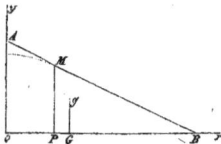

Fig. 4.

de OB; ainsi, la déviation extrême serait triple de la déviation moyenne.

Tel est, en effet, le résultat qui paraît indiqué par les nombreuses expériences exécutées jusqu'à présent à Gâvre, et c'est même cette remarque qui a donné l'idée de rédiger ce mémoire.

L'introduction de la ligne droite se trouve ainsi justifiée par les faits; toutefois, elle ne doit être considérée que comme une simple approximation.

La probabilité d'atteindre un cercle du rayon OP est alors proportionnelle à un trapèze rectiligne OPMA qui est supérieur au trapèze mixtiligne auquel il est substitué, si le rayon OP est petit. Il faut donc s'attendre à avoir une probabilité trop grande lorsque le but n'a que des dimensions très-restreintes; mais l'erreur doit décroître à mesure que la déviation moyenne devient plus grande, attendu qu'alors le rapport des deux trapèzes se rapproche sans doute de l'unité.

§ 15.

Il est maintenant facile de calculer la probabilité d'atteindre un cercle d'un rayon donné, dont le centre se trouve sur la trajectoire moyenne et dont le plan est normal à cette courbe.

Fig. 5.

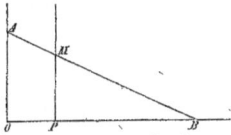

Soit r le rayon du cercle.

Construisons un triangle AOB, rectangle en O, et dont la base OB soit égale à la déviation extrême; cette dernière étant triple de la déviation moyenne q, on a OB $= 3q$.

Prenons OP $= r$ et menons l'ordonnée PM. La probabilité d'atteindre le cercle du rayon r est égale au rapport du trapèze AOPM au triangle AOB; ainsi, en la désignant par II, on a $\text{II} = \frac{\text{AOPM}}{\text{AOB}}$.

Or, le trapèze AOPM est la différence des triangles AOB, BPM; donc $\text{II} = 1 - \frac{\text{BPM}}{\text{AOB}}$; d'ailleurs $\frac{\text{BPM}}{\text{AOB}} = \frac{\overline{\text{PB}}}{\overline{\text{OB}}}$ et OB $= 3q$, PB $= 3q - r$; par conséquent

$$\text{II} = 1 - \left(\frac{3q - r}{3q}\right)^2,$$

ou

$$\text{II} = \frac{2r}{3q} - \frac{r^2}{9q^2}.$$

c'est l'expression de la probabilité que le centre du boulet atteindra le cercle du rayon r.

Quand $r = 3q$, la probabilité devient égale à l'unité et se change en certitude, c'est-à-dire que l'on est certain d'atteindre le cercle dont le rayon est triple de la déviation moyenne; et, en effet, d'après l'hypothèse admise sur la grandeur des déviations extrêmes, aucun boulet ne doit passer en dehors de ce cercle.

Par suite, il est bien clair qu'il ne faut jamais donner à r une valeur supérieure à $3q$, quelle que soit, d'ailleurs, l'étendue de la surface, autrement la formule induirait en erreur.

L'expression précédente est d'autant plus exacte, que la valeur de la déviation moyenne q est plus considérable; elle donne, d'ailleurs, une probabilité un peu trop grande lorsque le rayon du cercle est petit, c'est ce qui résulte des observations contenues dans les paragraphes 13 et 14.

Lorsqu'on veut avoir le nombre des boulets qui, sur 100, atteindront probablement le cercle du rayon r, il faut multiplier par 100 la valeur de Π.

Dans la formule précédente, nous n'avons eu égard qu'aux boulets dont les centres traversent le cercle; mais il est clair que ce dernier est encore entamé par les projectiles dont les centres passent en dehors de sa circonférence, à une distance moindre que leur rayon. Si on voulait en tenir compte, il faudrait, dans les calculs, augmenter le rayon du cercle d'une quantité égale au rayon des projectiles; cette correction devient nécessaire quand le but n'a qu'une faible étendue.

§ 16.

L'objet à atteindre peut avoir une forme quelconque, et il est nécessaire d'avoir au moins des formules applicables aux diverses circonstances qui se rencontrent ordinairement dans la pratique.

On vient de voir (§ 15) que la probabilité d'atteindre un cercle du rayon r, dont le centre se trouve sur la trajectoire moyenne et dont le plan est normal à cette courbe, est égale à $\frac{2r}{3q} - \frac{r^2}{9q^2}$.

Par suite, la probabilité Π d'atteindre un secteur dont les rayons extrêmes comprennent un angle φ est évidemment

$$\Pi = \left(\frac{2r}{3q} - \frac{r^2}{9q^2} \right) \frac{\varphi}{2\pi},$$

π représentant, comme à l'ordinaire, la circonférence dont le diamètre est l'unité.

Quand $r = 3q$, cette probabilité devient

$$\Pi = \frac{\varphi}{2\pi},$$

expression qui convient encore, si le rayon du secteur est supérieur à $3q$.

Lorsque l'angle du secteur, devenant infiniment petit, est représenté par la différentielle $d\varphi$, la probabilité, étant aussi infiniment petite, est également exprimée par une différentielle $d\Pi$ et

$$d\Pi = \left(\frac{2r}{3q} - \frac{r^2}{9q^2} \right) \frac{d\varphi}{2\pi}.$$

Supposant la surface à atteindre divisée en secteurs infiniment petits, r devient une fonction de φ déterminée par la nature de la courbe qui termine la surface, du moins si cette dernière est entièrement comprise dans le cercle dont le rayon est $3q$. La recherche de la probabilité est alors ramenée à l'intégration de l'équation précédente.

Il est bien clair qu'il ne faudrait pas avoir égard aux parties de la surface situées en dehors du cercle dont le rayon est $3q$.

Supposons qu'il s'agisse d'un triangle OBD, rectangle en B, et dont l'un des sommets O se trouve sur la trajectoire moyenne. Faisons la base OB = b,

Fig. 6.

la hauteur BD = h, et désignons par α l'angle $\widehat{BOD}$, en sorte que tang $\alpha = \frac{h}{b}$.

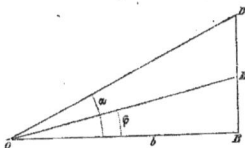

Prenons OB pour la droite fixe à partir de laquelle se comptent les angles φ. Les coordonnées polaires d'un point M pris sur la droite BD sont l'angle $\widehat{MOB} = \varphi$ et $\overline{OM} = r$, de sorte que l'équation polaire de cette droite est

$$r = \frac{b}{\cos \varphi}.$$

Substituant cette valeur dans l'expression différentielle de la probabilité (§ 16), on obtient

$$d\Pi = \frac{1}{\pi} \frac{b}{3\,q} \frac{d\varphi}{\cos \varphi} - \frac{1}{2\,\pi} \frac{b^2}{9\,q^2} \frac{d\varphi}{\cos^2 \varphi},$$

et l'intégration donne

$$\Pi = \frac{1}{\pi} \frac{b}{3\,q} \log. \text{ tang} \left(\frac{\pi}{4} + \frac{\varphi}{2} \right) - \frac{1}{2\,\pi} \frac{b^2}{9\,q^2} \text{ tang} \varphi + \text{constante},$$

comme on peut s'en assurer par la différentiation. Les logarithmes sont népériens. Lorsqu'on supprime la constante, l'intégrale s'évanouit en même temps que φ et donne la probabilité d'atteindre le triangle OBM. Ainsi, en changeant φ en α, on a la probabilité d'atteindre le triangle OBD, savoir :

$$\Pi = \frac{1}{\pi} \frac{b}{3\,q} \log. \text{ tang} \left(\frac{\pi}{4} + \frac{\alpha}{2} \right) - \frac{1}{2\,\pi} \frac{b^2}{9\,q^2} \text{ tang} \alpha.$$

Évaluant les coefficients en nombres et les arcs en degrés, et substituant les logarithmes tabulaires aux logarithmes népériens, on obtient, pour l'expression de la probabilité,

(1) $$\Pi = 0{,}73295 \frac{b}{3\,q} \log. \text{ tang} \left(45^\circ + \frac{\alpha}{2} \right) - 0{,}15916 \left(\frac{b}{3\,q} \right)^2 \text{ tang} \alpha,$$

ou, en observant que tang $\alpha = \frac{h}{b}$,

(1) $$\Pi = 0{,}73295 \frac{b}{3\,q} \log. \text{ tang} \left(45^\circ + \frac{\alpha}{2} \right) - 0{,}15916 \frac{b\,h}{9\,q^2}.$$

Cette formule suppose que le triangle OBD est compris tout entier dans l'intérieur du cercle dont le rayon est triple de la déviation moyenne, ou, en d'autres termes, que l'hypoténuse $\overline{OD}$ ne surpasse pas $3\,q$.

Lorsque l'hypoténuse OD $= 3\,q$, il est clair que

$$b = 3\,q\cos\alpha, \quad h = 3\,q\sin\alpha, \quad bh = 9\,q^2\sin\alpha\cos\alpha,$$

ou

$$bh = 9\,q^2\,\frac{\sin 2\alpha}{2};$$

de sorte que l'équation (1) devient

(2) $$\Pi = 0{,}73295\cos\alpha\;\text{log. tang}\left(45° + \frac{\alpha}{2}\right) - 0{,}07958\sin 2\alpha.$$

Supposons que la circonférence décrite du point O, comme centre, avec un rayon égal à

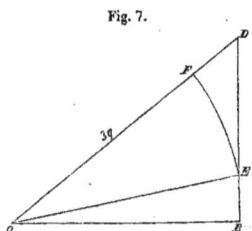

Fig. 7.

$3\,q$, rencontre en E le côté BD et en F l'hypoténuse OD. On calculera alors séparément : 1° la probabilité d'atteindre le triangle OBE, en se servant à cet effet de la formule (2); 2° la probabilité d'atteindre le secteur FOE, que l'on substituera au triangle DOE, aucun projectile ne devant tomber dans l'espace DEF qui se trouve au-delà de la limite fixée par les déviations extrêmes.

Si la base b du triangle était égale ou supérieure à $3\,q$, on substituerait à ce triangle le secteur compris entre ses côtés et limité à la circonférence dont le rayon est $3\,q$. La probabilité de l'atteindre serait égale à $\frac{\alpha}{2\pi}$.

§ 18.

Considérons actuellement un rectangle OBDA dont l'un des sommets O se trouve sur la

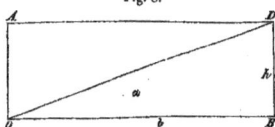

Fig. 8.

trajectoire moyenne. Faisons OB $= b$, BD $= h$, et désignons par α l'angle BOD, tang$\alpha = \frac{h}{b}$.

D'après le § 17, la probabilité d'atteindre le triangle OBD est

$$0{,}73295\,\frac{b}{3\,q}\;\text{log. tang}\left(45° + \frac{\alpha}{2}\right) - 0{,}15916\,\frac{bh}{9\,q^2}.$$

En changeant dans cette formule b en h, h en b et α en $90^\circ - \alpha$, on aura la probabilité d'atteindre le triangle OAD; elle sera donc égale à

$$0,73295 \frac{h}{3q} \log. \cot \frac{\alpha}{2} - 0,15916 \frac{bh}{9q^2}.$$

La somme de ces deux expressions est la probabilité d'atteindre le rectangle. Ainsi

(1) $$\Pi = 0,73295 \left\{ \frac{b}{3q} \log. \tang \left(45^\circ + \frac{\alpha}{2}\right) + \frac{h}{3q} \log. \cot \frac{\alpha}{2} \right\} - 0,31832 \frac{bh}{9q^2}.$$

Mais cette formule ne subsiste qu'autant que le rectangle est renfermé dans le cercle dont le rayon est $3q$, et par conséquent qu'autant que la diagonale OD ne surpasse pas $3q$.

Supposons cette diagonale égale à $3q$. La probabilité d'atteindre le triangle $\overline{OBD}$ est alors donnée par la formule (2) du § 17; elle est ainsi égale à

(a) $$0,73295 \cos \alpha \log. \tang \left(45^\circ + \frac{\alpha}{2}\right) - 0,07958 \sin 2\alpha,$$

l'angle α étant déterminé par l'équation $\cos \alpha = \frac{b}{3q}$. Il suffit, d'ailleurs, de changer dans cette expression α en $\frac{\pi}{2} - \alpha$ pour avoir la probabilité d'atteindre le triangle $\overline{OAD}$; elle sera par suite égale à

(b) $$0,73295 \sin \alpha \log. \cot \frac{\alpha}{2} - 0,07958 \sin 2\alpha.$$

En faisant la somme de ces deux quantités, on a

(2) $$\Pi = 0,73295 \left\{ \cos \alpha \log. \tang \left(45^\circ + \frac{\alpha}{2}\right) + \sin \alpha \log. \cot \frac{\alpha}{2} \right\} - 0,15916 \sin 2\alpha,$$

c'est la probabilité d'atteindre le rectangle lorsque la diagonale est égale à $3q$.

Supposons maintenant la diagonale OD supérieure à $3q$ et qu'on ait en même temps $b < 3q$, $h > 3q$. La circonférence décrite du point O comme centre avec un rayon égal à $3q$, coupera $\overline{BD}$ en un point D' situé entre B et D, et le côté $\overline{OA}$ en un autre point A' placé entre O et A, et, comme aucun projectile ne tombera dans l'espace compris entre AD et l'arc A'D', on pourra substituer au rectangle OBDA, le triangle $\overline{OBD'}$ et le secteur A'OD'.

Fig. 9.

En supposant l'angle α déterminé par l'équation $\cos \alpha = \frac{b}{3q}$, la probabilité d'atteindre le triangle $\overline{OBD'}$ sera donnée par la formule (a); quant à celle de frapper le secteur A'O B', elle est évidemment égale à

$$\frac{\frac{\pi}{2} - \alpha}{2\pi} \quad \text{ou à} \quad \frac{1}{4} - \frac{\alpha}{2\pi}.$$

Donc alors la probabilité d'atteindre le rectangle $\overline{OABD}$ est

(3) $\qquad \Pi = \frac{1}{4} - \frac{\alpha}{2\pi} + 0,73295 \cos\alpha \, \log. \, \text{tang} \left(45° + \frac{\alpha}{2} \right) - 0,07958 \sin 2\,\alpha.$

Cette probabilité est la même que celle d'atteindre la bande indéfinie, comprise entre les deux parallèles $\overline{OA}$, $\overline{BD}$ et limitée à leur perpendiculaire commune OB $= b$. Le point O est sur la trajectoire moyenne et $\cos\alpha = \frac{b}{3\,q}$.

Si on supposait $b > 3\,q$, $h < 3\,q$, la largeur de la bande serait représentée par h, l'angle α serait déterminé par l'équation $\sin\alpha = \frac{h}{3\,q}$, et, en se servant de l'expression (b), on parviendrait à la formule

(4) $\qquad\qquad \Pi = \frac{\alpha}{2\pi} + 0,73295 \sin\alpha \, \log. \, \cot \frac{\alpha}{2} - 0,07958 \sin 2\,\alpha,$

qui ne diffère de l'équation (3) que par le changement de α en $\frac{\pi}{2} - \alpha$.

Si, en même temps que la diagonale OD surpasse $3\,q$, chacun des côtés b et h est moindre que cette dernière quantité, le cercle décrit du point O, comme centre, avec un rayon égal à $3\,q$, rencontrera les deux côtés $\overline{AD}$ et BD, le premier en un point E, situé entre A et D, le second en un point F placé entre B et D. Au rectangle $\overline{OBDA}$, on substituera le secteur $\overline{EOF}$ et les deux triangles $\overline{AOE}$ et FOD, dont les hypoténuses seront égales à $3\,q$.

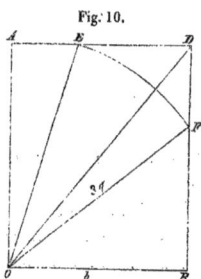
Fig. 10.

§ 19.

Souvent la surface à atteindre est un rectangle dont le centre se trouve sur la trajectoire moyenne.

Désignons par $2\,b$ la base et par $2\,h$ la hauteur de ce rectangle. S'il est entièrement contenu dans le cercle dont le rayon est triple de la déviation moyenne, ou, en d'autres termes, si $\sqrt{b^2 + h^2}$ ne surpasse pas $3\,q$, on obtiendra la probabilité de l'atteindre, en multipliant par 4 le second membre de l'équation (1) du § 18. Ainsi

(1) $\qquad \Pi = 2,9318 \left\{ \frac{b}{3\,q} \log. \, \text{tang} \left(45° + \frac{\alpha}{2} \right) + \frac{h}{3\,q} \log. \, \cot \frac{\alpha}{2} \right\} - 1,2733 \frac{b\,h}{9\,q^2},$

en supposant $\text{tang}\,\alpha = \frac{h}{b}$.

Si $\sqrt{b^2 + h^2} = 3\,q$, il faudra multiplier par 4 le second membre de l'équation (2) du § 18, ce qui donnera

(2) $\Pi = 2,9318 \left\{ \cos\alpha \ \log. \ \tan\left(45° + \frac{\alpha}{2}\right) + \sin\alpha \ \log. \ \cot\frac{\alpha}{2} \right\} - 0,6366 \sin 2\,\alpha,$

où $\cos\alpha = \frac{b}{3\,q}$.

Si on a en même temps $b < 3\,q$, $h > 3\,q$, il faudra recourir à la formule (3) du § 18; et, en multipliant le second membre par 4, on aura

(3) $\Pi = 1 - \frac{2\alpha}{\pi} + 2,9318 \cos\alpha \ \log. \ \tan\left(45° + \frac{\alpha}{2}\right) - 0,31832 \sin 2\,\alpha.$

L'angle α est donné par l'équation $\cos\alpha = \frac{b}{3\,q}$. La valeur de Π devient égale à l'unité quand $b = 3\,q$.

Si, au contraire, on suppose $b > 3\,q$, $h < 3\,q$, on obtiendra la probabilité en multipliant par 4 le second membre de l'équation (4) du § 18. Donc alors

(4) $\Pi = \frac{2\alpha}{\pi} + 2,9318 \sin\alpha \ \log. \ \cot\frac{\alpha}{2} - 0,3183 \sin 2\,\alpha,$

où $\sin\alpha = \frac{h}{3\,q}$.

Cette formule ne diffère de l'équation (3) que par le changement de α en $\frac{\pi}{2} - \alpha$.

§ 20.

Lorsque $b = h$, le rectangle devient un carré et $\alpha = 45°$. Introduisant cette hypothèse dans l'équation (1) du § 20, et désignant par $2\,c$ le côté du carré, on obtient

$$\Pi = 2,2475 \ \frac{c}{3\,q} - 1,2733 \left(\frac{c}{3\,q}\right)^2.$$

C'est la probabilité d'atteindre un carré dont le côté est $2\,c$ et dont le centre se trouve sur la trajectoire moyenne, en admettant toutefois que ce carré soit compris dans l'intérieur du cercle dont le rayon est $3\,q$. Cette condition exige que $\frac{c}{3\,q}$ ne surpasse pas $\frac{1}{\sqrt{2}}$ ou $0,7071$.

Lorsque $\frac{c}{3\,q} = \frac{1}{\sqrt{2}}$, la probabilité $\Pi = 0,9737$.

Quand $2\,c = q$, la formule donne $\Pi = 0,3391$, nombre peu différent de $\frac{1}{3}$. Ainsi, lorsque le côté est égal à la déviation moyenne, la probabilité d'atteindre le carré est à très-peu près égale à $\frac{1}{3}$.

4.

§ 21.

Les formules précédentes suffisent pour résoudre la plupart des cas qui se présentent ordinairement dans la pratique; il serait, d'ailleurs, bien facile d'en établir de nouvelles, si l'on avait à considérer quelques circonstances particulières.

L'objet à atteindre doit toujours être projeté sur un plan normal à la trajectoire moyenne, et, dans le calcul de la probabilité, on n'a à s'occuper que de cette projection.

Quelquefois un objet, dont on connaît la position, est dérobé à la vue par une masse couvrante. Cette circonstance se présente, par exemple, dans le tir d'enfilade contre une face d'un ouvrage de fortification.

On a recours alors à des moyens particuliers pour donner à la bouche à feu la direction qu'elle doit avoir; nous n'avons pas ici à nous en occuper, et nous pouvons les supposer suffisamment exacts.

Le calcul de la probabilité se ferait comme à l'ordinaire, si la masse couvrante ne pouvait arrêter aucun des projectiles, ou du moins n'arrêtait que ceux qui, à raison de leurs déviations particulières, n'atteindraient pas l'objet. Quelquefois on peut régler le tir de manière à satisfaire à cette condition, mais il faut pour cela que l'on soit à même de faire varier à volonté la charge et l'inclinaison du canon.

Il est à propos d'observer que la manière de calculer la probabilité suppose que le but ne peut être atteint que par les coups de plein fouet. Dans le tir d'enfilade, on compte aussi sur les effets des ricochets; alors, la probabilité calculée peut être au-dessous de la probabilité réelle.

Généralement, les auteurs de balistique prescrivent de faire passer la trajectoire moyenne par la crête de la masse couvrante. Les trajectoires particulières se partagent alors en deux groupes à peu près égaux, les unes plus élevées que la trajectoire moyenne, les autres plus surbaissées.

Les projectiles qui décrivent ces dernières s'arrêtent dans la masse couvrante. Si donc on a en vue, non la destruction de cette masse, mais celle des objets qu'elle abrite, on peut dire que la moitié seulement des coups concourt à l'effet qu'on veut produire.

On évitera cet inconvénient en faisant passer la trajectoire moyenne à une certaine hauteur au-dessus de la masse couvrante.

Concevons un plan vertical perpendiculaire au plan de tir et rencontrant la partie la plus élevée de la masse, suivant une droite $\overline{AB}$ que nous supposerons horizontale, soit O, le point où ce plan est percé par la trajectoire moyenne, abaissons du point O la perpendiculaire $\overline{OH}$ sur AB.

Fig. 11.

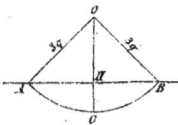

La verticale OH est la hauteur de la trajectoire moyenne au-dessus de la masse couvrante; si elle était à peu près égale au triple de la déviation moyenne, aucun projectile ne serait arrêté.

Mais supposons qu'il n'en soit pas ainsi, et que OH soit moindre que $3q$, une circonférence de cercle, décrite du point O comme centre, avec un rayon égal à $3q$, rencontrera l'horizontale AB en deux points A et B, et les projectiles qui pénétreront dans le segment circulaire ACB seront arrêtés par la masse couvrante.

Il est facile d'obtenir la probabilité d'atteindre ce segment; il suffit, pour cela, de calculer la probabilité de rencontrer le secteur AOB, et d'en retrancher celle de frapper le triangle AOB. Pour avoir cette dernière, on décomposera le triangle en deux autres AHO, BHO, rectangles et égaux, auxquels la formule (1) du § 17 sera immédiatement applicable.

Lorsque OH = q, la probabilité d'atteindre le segment est égale à $0^m,127$; elle se réduit à $0^m,017$ lorsque OH = $2q$.

Ainsi, le nombre des boulets qui pénètrent dans la masse couvrante est d'environ 13 p. o/o quand la hauteur de la trajectoire moyenne, au-dessus de cette dernière, est égale à la déviation moyenne; il est d'à peu près 2 p. o/o quand cette hauteur est égale au double de la même déviation.

§ 22.

Avant de passer aux applications, il est bon de rappeler que les formules ne peuvent donner que les résultats les plus probables et non des résultats certains; elles ne sont, d'ailleurs, qu'approximatives, et l'approximation qu'elles fournissent est soumise à quelques conditions. S'il s'agit, par exemple, d'un carré ou d'un cercle dont le centre se trouve sur la trajectoire moyenne, elles ne conviennent qu'autant que la déviation moyenne est supérieure à une certaine valeur, qui doit être d'autant plus grande, que le côté du carré ou le diamètre du cercle est plus petit; s'il en est autrement, la probabilité calculée est trop forte, c'est ce qui résulte des considérations présentées dans le § 14.

Il n'a été fait que fort peu d'épreuves dans le but spécial de rechercher la probabilité du tir, et on n'y a pas toujours apporté toutes les précautions convenables, ce qui est cependant nécessaire si l'on veut connaître toute la précision dont le tir est susceptible.

Quelques expériences ont été exécutées par l'artillerie de terre; malheureusement, les résultats n'en sont connus que par quelques tableaux fort succincts insérés dans le Traité d'artillerie de M. le général Piobert (1); aucun renseignement n'y est joint; le nombre total des coups tirés à chaque station n'est pas indiqué.

Pour avoir les diamètres, les poids et les vitesses initiales des projectiles, on a eu recours aux tableaux insérés dans la *Balistique* de M. Didion, pages 372 et 373. En introduisant ensuite ces données dans la formule du § 8, on a calculé les valeurs des déviations moyennes.

§ 23.

EXPÉRIENCES EXÉCUTÉES AVEC LE CANON DE 12 DE CAMPAGNE. (Vincennes, 1833.)

Les boulets étaient massifs. La charge ordinaire de guerre $1^k,958$ est apparemment celle dont on a fait usage.

(1) *Partie pratique*, 2ᵉ édition. Quelques-uns des résultats rapportés dans les tableaux paraissent entachés de fautes d'impression, et on n'en a pas fait usage.

Le but était un rectangle de 2 mètres de hauteur sur 12 mètres de largeur.

$$\text{Poids des projectiles....} \quad p = 6^k,08$$
$$\text{Diamètre...........} \quad a = 1^d,182$$
$$\text{Vitesse initiale.......} \quad V = 488^m$$
$$\frac{p}{a^2} = 4,352$$

Distances (Mètres)...................	400	500	600	700	800	900	1,000	1,100	1,200
Déviations moyennes (Mètres)............ (Formule du § 8.)	0,59	0,95	1,41	1,99	2,69	3,52	4,49	5,61	6,90

Mais, d'après les remarques du § 8, aux distances de 400 et de 500 mètres, les déviations calculées doivent être inférieures à celles que l'on rencontre dans le tir.

Les formules à employer pour calculer la probabilité sont celles du § 19, en y faisant $b = 6 + \frac{a}{2} = 6,06$, $h = 1 + \frac{a}{2} = 1,06$, afin de tenir compte de tous les projectiles qui peuvent atteindre le but.

Aux distances de 400, 500, 600 et 700 mètres, on a $b > 3 q$, $h < 3 q$, et la formule (4) est celle dont il faut se servir. Pour les autres distances, on a à la fois $b < 3 q$, $h < 3 q$, et c'est à la formule (1) qu'il faut recourir.

Distances (Mètres)...................	400	500	600	700	800	900	1,000	1,100	1,200
NOMBRE DES BOULETS qui, sur 100, { doivent, d'après les formules, atteindre probablement le but.	94	81	66	55	45	37	30	25	20
{ ont atteint le but dans les expériences...............	81	74	66	57	47	37	28	19	(1) 12

Aux distances de 400 et de 500 mètres, les valeurs attribuées aux déviations sont trop petites; aussi la probabilité calculée surpasse-t-elle la probabilité réelle (§ 23); de 600 à 1,000 mètres, il y a un accord presque parfait entre les résultats du calcul et ceux de l'expérience; au-delà la probabilité calculée l'emporte; peut-être faut-il en rechercher la cause dans les difficultés que présente aux grandes distances l'exécution des expériences. Il est nécessaire, avant tout, de connaître avec précision l'inclinaison à donner à la bouche à feu; et les grandes

(1) Dans la première édition du Traité d'artillerie, on trouve le nombre 15 au lieu de 12.

variations du tir opposent à la détermination de cet angle des obstacles qu'on ne peut sur-
monter que par des épreuves très-multipliées.

§ 24.

AUTRES EXPÉRIENCES EXÉCUTÉES AVEC LE CANON DE 12 DE CAMPAGNE.

Boulets massifs et probablement charge ordinaire de guerre.

Le but était un carré de $0^m,45$ de côté.

Toutes les données du calcul se trouvent dans le § 23. La formule à employer est celle du
§ 20, en y faisant $C = \dfrac{0,45 + a}{2} = 0,284$.

Distances (Mètres)..	600	709	800
NOMBRE DES BOULETS qui, sur 100, { doivent, d'après la formule, atteindre probablement le but....	15	10	8
ont atteint le but dans les expériences,...................	12	11	10

A 600 mètres, le nombre calculé l'emporte sur le résultat des expériences; on pouvait s'y
attendre; le but est petit et la déviation moyenne n'a pas encore acquis une grandeur considérable (§ 22). Au-delà les différences sont en sens inverse. A la distance de 700 mètres, la
formule et l'expérience sont à peu près d'accord, la déviation moyenne est égale à $1^m,99$, et
le côté du carré, augmenté du diamètre du boulet, est de $0^m,568$.

§ 25.

EXPÉRIENCES EXÉCUTÉES AVEC LE CANON DE 8 DE CAMPAGNE. (Vincennes, 1833.)

Les boulets étaient massifs et la charge employée était sans doute celle de guerre, $1^k,224$.

Le but était un rectangle de 2 mètres de hauteur sur 12 mètres de largeur.

$$\text{Poids des boulets......} \quad p = 4^k,05$$
$$\text{Diamètre...........} \quad a = 1^d,029$$
$$\text{Vitesse initiale.......} \quad V = 486$$
$$\frac{p}{a^2} = 3,936.$$

Distances (Mètres)....................	400	500	600	700	800	900	1,000	1,100	1,200
Déviation moyenne (Mètres)............. Formule du § 8.	0,67	1,08	1,61	2,27	3,08	4,04	5,17	6,49	8,00

(32)

De même que pour les boulets de 12 (§ 23), les déviations relatives aux distances de 400 et 500 mètres doivent être inférieures à celles que donnerait l'expérience.

Pour calculer la probabilité, il faut se servir des formules du § 19, en y faisant $b = 6 + \frac{a}{2} = 6,052$, $h = 1 + \frac{a}{2} = 1,052$, afin de tenir compte de tous les boulets qui peuvent atteindre le but. La formule (4) est celle à laquelle il faut recourir, pour les distances de 400, 500 et 600 mètres, parce qu'alors $b > 3q$ et $h < 3q$. Au-delà $3q$ surpasse b, et la formule (1) est celle qui convient.

Distances (Mètres)...................	400	500	600	700	800	900	1,000	1,100	1,200
NOMBRE DES BOULETS qui, sur 100, { doivent, d'après les formules, atteindre probablement le but.	91	76	62	51	41	33	27	22	17
ont atteint le but dans les expériences..............	75	64	53	43	34	26	17	10	5

Les nombres calculés sont fortement supérieurs aux résultats du tir, non-seulement aux distances de 400 et de 500 mètres, comme cela arrive pour le canon de 12 (§ 25), mais à toutes les autres. On admettra difficilement que le canon de 8, comparé à celui de 12, au point de vue de la justesse du tir, ait une infériorité aussi marquée que celle que lui assignent les expériences précédentes.

§ 26.

AUTRES EXPÉRIENCES EXÉCUTÉES AVEC LE CANON DE 8 DE CAMPAGNE.

Boulets massifs et probablement charge ordinaire de guerre $1^k,224$.

Le but était un carré de $0^m,45$ de côté.

Les données du calcul se trouvent dans le § 25. La formule à employer est celle du § 20, en y faisant $C = \frac{0,45 + a}{2} = 0,276$.

Distance (Mètres)..	600	700	800
NOMBRE DES BOULETS qui, sur 100, { doivent, d'après la formule, atteindre probablement le but....	13	9	7
ont atteint le but dans les expériences..................	11	10	9

Ces résultats se rapprochent beaucoup de ceux qu'on a obtenus avec le canon de 12 dans les mêmes circonstances (§ 24), et donnent lieu aux mêmes observations.

Ici les deux bouches à feu ne présentent que d'assez légères différences, quant à la justesse du tir : les faits et les formules sont en cela parfaitement d'accord.

§ 27.

EXPÉRIENCES EXÉCUTÉES AVEC L'OBUSIER DE 16ᵉ DE CAMPAGNE. (Vincennes.)

Les projectiles étaient des obus. On s'est servi de deux charges différentes, l'une de $1^k,5o$, l'autre de $o^k,75$.

Le but était un rectangle de 2 mètres de hauteur sur 12 mètres de largeur.

$$\text{Poids des obus} \dots \dots \quad p = 11^k,2o$$
$$\text{Diamètre} \dots \dots \dots \quad a = 1^d,639$$
$$\text{Vitesse initiale} \dots \dots \quad V = 384^m, \text{ charge } 1^k,5o$$
$$V = 28o^m, \text{ charge } o^k,75.$$

DISTANCE (Mètres)		300	400	500	600	700	800	900	1,000	1,100
DÉVIATIONS MOYENNES..	Charge : $1^k,5o$....	0,45	0,85	1,37	2,06	2,92	3,98	5,29	6,78	8,57
	Charge : $o^k,75$....	0,65	1,23	2,03	3,12	4,50	6,26	8,42	11,04	
Formule du § 8.										

Aux distances de 3oo et 4oo mètres pour la charge de $1^k,5oo$, et à celle de 3oo mètres pour la charge de $o^k,75$, les déviations calculées doivent être trop petites.

Pour le calcul de la probabilité, il faut recourir aux formules (1) et (4) du § 19, en y faisant $b = 6 + \frac{a}{2} = 6,08$, et $h = 1 + \frac{a}{2} = 1,08$, afin de ne négliger aucun des projectiles qui peuvent atteindre le but. La première formule convient quand $b < 3q$, l'autre quand $b > 3q$.

		CHARGE : $1^k,5oo$.								
DISTANCE (Mètres)		300	400	500	600	700	800	900	1,000	1,100
NOMBRE DES OBUS qui, sur 100,	doivent, d'après les formules, atteindre probablement le but.	98	85	68	53	42	33	26	21	17
	ont atteint le but dans les expériences....	89	80	70	60	50	40	32	25	19

Aux deux premières distances, les nombres calculés sont supérieurs aux résultats de l'expérience; à toutes les autres, ils leur sont inférieurs.

	CHARGE : 0k,75.							
DISTANCE (Mètres)....................	300	400	500	600	700	800	900	1,000
NOMBRE DES OBUS qui, sur 100, — doivent, d'après les formules, atteindre probablement le but.	92	70	53	40	29	22	17	13
— ont atteint le but dans les expériences...............	83	70	55	43	33	24	16	9

Ce n'est guère qu'aux distances extrêmes 300 mètres et 1,000 mètres, que les nombres calculés et les résultats de l'expérience présentent des différences notables.

§ 28.

AUTRES EXPÉRIENCES EXÉCUTÉES AVEC L'OBUSIER DE 16ᵉ DE CAMPAGNE.

Les projectiles étaient des obus. La charge était de 1k,500.

Le but était un carré de 0m,45 de côté.

Les données du calcul se trouvent dans le § 27. La formule à employer est celle du § 20, en y faisant $C = \dfrac{0,45 + a}{2} = 0,305$.

	400	500	600	700	800	900
DISTANCE (Mètres).............................	400	500	600	700	800	900
NOMBRE DES OBUS qui, sur 100, — doivent, d'après les formules, atteindre probablement le but................	25	17	11	8	5	4
— ont atteint le but dans les expériences.....	16	15	12	10	7	5

A la distance de 400 mètres, la déviation calculée est trop petite (§ 27), et, par suite, la probabilité calculée est trop grande; mais, aux distances supérieures, on ne trouve aucune différence qui ne paraisse admissible.

§ 29.

Les projectiles étaient des obus. On a employé successivement la charge de $1^k,00$ et celle de $0^k,500$.

Le but était un rectangle de 2 mètres de hauteur sur 12 mètres de largeur.

Poids des obus........ $p = 7^k,70$
Diamètre............. $a = 1^d,484$
Vitesse initiale....... $V = 373^m$, charge $1^k,00$.
$V = 276^m$, charge $0^k,500$.

DISTANCE (Mètres).................		300	400	500	600	700	800	900	1,000	1,100
DÉVIATIONS MOYENNES.	Charge : $1^k,00$.....	0,56	1,04	1,73	2,62	3,79	5,17	6,90	8,99	11,33
	Charge : $0^k,500$....	0,78	1,48	2,47	3,79	"	"	"	"	"

Les déviations correspondantes à la distance de 300 mètres doivent être trop faibles.

Pour calculer la probabilité, il faut recourir aux formules (1) et (4) du § 19, en y faisant

$$b = 6 + \frac{a}{2} = 6,074, \text{ et } h = 1 + \frac{a}{2} = 1,074.$$

		CHARGE : $1^k,00$.								
DISTANCE (Mètres).................		300	400	500	600	700	800	900	1,000	1,100
NOMBRE DES BOULETS qui, sur 100,	doivent, d'après les formules, atteindre probablement le but.	96	78	60	45	34	26	20	16	13
	ont atteint le but dans les expériences..............	88	78	66	54	43	33	24	17	12

Aux distances de 400, 1,000 et 1,100 mètres, les résultats de l'expérience et du calcul s'accordent; à toutes les autres distances, les premiers sont supérieurs, et plusieurs différences sont fortes.

		CHARGE : 0k,500.		
Distance (Mètres)...		300	400	500	600
NOMBRE DES OBUS qui, sur 100, { doivent, d'après les formules, atteindre probablement le but...		87	65	47	34
ont atteint le but dans les expériences..................		75	55	40	30

Ici, les nombres calculés sont supérieurs aux résultats de l'expérience.

§ 30.

On sait que ce n'est qu'en opérant sur un très-grand nombre de coups qu'on peut apprécier la valeur des formules relatives à la probabilité.

Réunissons donc tous les faits relatifs aux tirs du canon de 12, du canon de 8, de l'obusier de 16 centimètres, et de l'obusier de 15 centimètres contre le rectangle de 2 mètres de hauteur sur 12 mètres de largeur; prenons, à chaque distance, une moyenne entre tous les résultats obtenus avec les quatre bouches à feu; prenons de même une moyenne entre les nombres correspondants donnés par le calcul, nous formerons de cette manière le tableau suivant :

Distance (Mètres)............	400	500	600	700	800	900	1,000	1,100
Résultats moyens du tir.......	73	62	50	45	36	27	19	15
Résultats moyens du calcul....	81	64	50	42	33	27	21	19

On voit combien, à mesure que le nombre des coups devient plus considérable, les différences que présentent le calcul et l'observation s'atténuent et tendent à disparaître. A la distance de 400 mètres, on a attribué des valeurs trop faibles aux déviations des boulets de 12 et de 8, et la probabilité calculée doit l'emporter sur la probabilité réelle; au delà, les différences, d'ailleurs très-légères, sont tantôt dans un sens et tantôt dans un autre : peut-être, aux grandes distances, la probabilité calculée semble-t-elle reprendre la supériorité; mais, comme on en a déjà fait l'observation (§ 23), cela tient à la difficulté qu'offre alors l'exécution des expériences.

Réunissons de la même manière les tirs exécutés contre le carré de $0^m,45$ de côté avec le canon de 12, le canon de 8 et l'obusier de 16 centimètres, nous aurons le tableau ci-après :

Distance (Mètres)..................	600	700	800
Résultats moyens du tir............	12	10	9
Résultats du calcul...............	13	9	7

La différence que présentent les deux derniers nombres prouve au moins qu'à la distance de 800 mètres la probabilité calculée n'est pas trop forte.

L'examen attentif des faits qui précèdent conduit donc à la conclusion suivante : les probabilités calculées pourront être appliquées à un tir exécuté avec soin, du moins à partir d'une certaine distance, et lorsque le but n'aura pas des dimensions trop restreintes.

Cette distance et l'étendue du but pourront être d'autant moindres, que la déviation moyenne sera plus grande. L'accord du calcul et de l'expérience se manifestera d'autant mieux, que les épreuves seront plus multipliées.

Mais il ne faut pas songer à trouver cet accord, si le tir est exécuté avec précipitation, et si on n'apporte pas au pointage toutes les précautions convenables; la probabilité est alors considérablement réduite (§ 34).

§ 31.

On trouve, dans le numéro 5 du Mémorial d'artillerie, le compte rendu d'une suite d'expériences exécutées sur des carabines, sous la direction de M. de Pontcharra, et il n'est pas sans intérêt de savoir jusqu'à quel point les formules données par le calcul de la probabilité leur sont applicables. Comme, d'ailleurs, il ne s'agit point ici de comparer entre elles les diverses armes essayées, il suffit de s'occuper des résultats généraux.

Les tableaux 1 et 2 du Mémorial, pages 634 et 635, peuvent être résumés ainsi qu'il suit :

Douze carabines ont été essayées. Le nombre des rayures était de 6, de 8 ou de 12; les hélices faisaient $\frac{1}{2}$, $\frac{1}{5}$ ou $\frac{1}{6}$ de tour sur $0^m,812$.

Le chargement se composait de 4 grammes de poudre, d'un calepin, d'un sabot et d'une balle de 19 au demi-kilogramme, forcée par deux coups de baguette.

Le but était un carré de 2 mètres de côté et situé à 250 mètres de distance.

L'arme était placée sur un appareil.

NOMBRE TOTAL DES COUPS TIRÉS.	NOMBRE DES BALLES QUI ONT ATTEINT UN CARRÉ AYANT DE CÔTÉ				
	$0^m,33$	$0^m,66$	$1^m,00$	$1^m,33$	$2^m,00$
1,800	148	540	938	1,259	1,607

On obtient la probabilité d'atteindre un des carrés en divisant le nombre des balles qui l'ont frappé par le nombre total des coups; il est donc aisé de former le tableau suivant :

PROBABILITÉ D'ATTEINDRE, A 250 MÈTRES, UN CARRÉ AYANT DE CÔTÉ				
0^m,33	0^m,66	1^m,00	1^m,33	2^m,00
0,0822	0,3000	0,5211	0,6994	0,8928

Entre la probabilité II, le demi-côté c du carré et la déviation moyenne q, on a (§ 20) l'équation

$$\text{II} = 2,2475 \frac{c}{3q} - 1,2733 \left(\frac{c}{3q}\right)^2$$

qui, résolue par rapport à $\frac{c}{q}$, donne

$$\frac{c}{q} = 2,647 - 2,618 \sqrt{0,9915 - \text{II}}.$$

Le signe — est celui qu'il convient de prendre. En effet, la probabilité ne peut devenir nulle qu'autant que $c = o$ ou que $q = \infty$; ainsi, le rapport $\frac{c}{q}$ doit s'évanouir en même temps que II. Cette formule cesse de convenir lorsque II surpasse 0^m,9737, parce qu'alors le carré n'est plus contenu dans le cercle dont le rayon est triple de la déviation moyenne.

La valeur de II est donnée par le tableau précédent; on peut dès lors déterminer, pour chaque carré, le rapport $\frac{c}{q}$, et, par suite, la valeur de q. On donne un peu plus d'exactitude au calcul, en prenant pour c une valeur égale au demi-côté du carré, augmenté du rayon des balles, rayon qui est à peu près de 0^m,008.

Si la formule était applicable à tous les carrés, les cinq valeurs de q seraient à peu près égales.

Voici les résultats du calcul :

CÔTÉ DU CARRÉ	0^m,33	0^m,66	1^m,00	1^m,33	2^m,00
VALEUR CORRESPONDANTE DE q	1^m,545	0^m,779	0^m,616	0^m,556	0^m,556

La valeur de q décroît à mesure que le côté du carré augmente, et ne devient constante que pour les deux derniers carrés, qui sont ainsi les seuls auxquels la formule soit réellement applicable.

Il n'y a rien là qui doive surprendre ; en effet, quand la déviation moyenne est petite, comme il arrive dans le cas actuel, la formule ne peut convenir qu'autant que le but a une certaine étendue. Les principes dont on a fait usage reçoivent donc ici une nouvelle confirmation.

L'examen des expériences exécutées par M. le colonel Didion, sur des canons de pistolets, conduirait à des résultats analogues.

§ 32.

Il serait important d'avoir une règle, à l'aide de laquelle on pût reconnaître, si, dans une circonstance donnée, les formules sont applicables. Les faits exposés précédemment fournissent, à cet égard, quelques indications.

Supposons que le but à atteindre soit un cercle dont le centre se trouve sur la trajectoire moyenne et dont le plan soit normal à cette courbe, la formule du § 15, construite pour ce cas particulier, ne s'accordera avec l'expérience qu'autant que le rayon r du cercle sera égal où supérieur à une certaine limite R, dont la grandeur dépendra d'ailleurs de la déviation moyenne q. A mesure que cette dernière deviendra plus petite, la limite R se rapprochera de la déviation extrême $3q$: de là il résulte que la différence $1 - \dfrac{R}{3q}$ est une fonction croissante de q, assujettie d'ailleurs à s'évanouir en même temps que q, et à devenir égale à 1 quand $q = \infty$, attendu que, dans ces deux extrêmes, la quantité R doit être nulle.

Une des formes les plus simples que l'on puisse adopter pour cette fonction est la suivante :

$$\frac{q^m}{M+q^m},$$

M et m désignant deux constantes positives.

Les formules données pour le calcul de la probabilité se sont accordées avec l'expérience lorsqu'elles ont été appliquées (§ 24) à un carré de $0^m,568$ de côté, la déviation moyenne étant de $1^m,99$.

D'après le § 32, on peut les regarder comme également vérifiées dans le cas d'un carré de $1^m,338$ de côté et d'une déviation moyenne égale à $0^m,556$; on obtiendrait, sans nul doute, le même accord, en substituant à chacun de ces carrés le cercle qui lui est inscrit.

D'après cela, on est autorisé à substituer successivement dans l'équation :

$$1 - \frac{R}{3q} = \frac{q^m}{M+q^m}$$

les deux couples de valeurs $[q = 1,99, R = 0,284]$ $[q = 0,556, R = 0,669]$; seulement, ces deux valeurs de R peuvent être un peu trop fortes. On obtient ainsi deux équations entre les inconnues m et M, et on trouve à très-peu près $m = 2$, $M = 0,2$; on a, par suite, la formule

$$\frac{R}{3q} = 1 - \frac{q^2}{0,2 + q^2}.$$

Il est probable qu'au nombre 0,2 on pourrait en substituer un autre un peu moindre.

Cela posé, la formule du § 15 sera applicable toutes les fois que le rayon du cercle sera égal ou supérieur à R; dans le cas contraire, elle donnera une probabilité trop grande.

Supposons maintenant que le but soit un rectangle, et que le point de rencontre des diagonales se trouve sur la trajectoire moyenne; concevons que de ce point comme centre on décrive un cercle d'un rayon égal à R, si ce cercle est compris tout entier dans l'intérieur du rectangle, les formules seront applicables.

§ 33.

Les formules que l'on a données pour calculer la probabilité d'atteindre un but dont la position et les dimensions sont connues ne la font dépendre que de la déviation moyenne. L'expression de cette dernière, telle qu'elle se trouve dans le § 8, ne renferme que la distance et le produit $V \frac{p}{a^2}$. D'après cela, la justesse dont le tir d'une bouche à feu est susceptible ne dépend, à une distance donnée, que du produit $V \frac{p}{a^2}$ ou $V\,a\,d$, c'est-à-dire du produit de la vitesse initiale par le diamètre et la densité du projectile.

Ce principe, qu'il convient, d'ailleurs, de ne regarder que comme approximatif, est fécond en applications; c'est pourquoi il ne sera pas inutile de donner ici une table des valeurs de $V \frac{p}{a^2}$. (La vitesse V est exprimée en mètres, le poids p en kilogrammes, et le diamètre a en décimètres.)

TIR À BOULETS MASSIFS.

BOUCHE À FEU.	CHARGE.	$V \frac{p}{a^2}$.	BOUCHE À FEU.	CHARGE.	$V \frac{p}{a^2}$.
	kil.			kil.	
Canon de 50.................	8,00	3182	Caronade de 24..............	1,30	1691
——— de 36.................	6,00	2984	Canon de 18 n° 1....,.......	3,00	2542
	4,50	2823		2,25	2368
——— de 30 n° 1.............	5,00	2875	——— de 18 n° 2............	2,25	2337
	3,75	2697	Caronade de 18..............	1,00	1619
——— de 30 n° 2.............	3,75	2644	——— de 12 n° 1...........	2,00	2214
——— de 30 n° 3.............	3,00	2473		1,50	2068
——— de 30 n° 1, 2, 3, 4.......	2,50	2353	Canon de 12 n° 2...........	1,50	2037
——— de 30 n° 4. Obusier de 16°..	2,00	2175		1,00	1771
Caronade de 30..............	1,60	1897	Caronade de 12..............	0,65	1329
Canon de 24.................	4,00	2690			
	3,00	2515			

TIR À BOULETS CREUX.

BOUCHE À FEU.	CHARGE.	$V\frac{p}{a^2}$.	BOUCHE À FEU.	CHARGE.	$V\frac{p}{a^2}$
	kil.			kil.	
Obusier de 27°................	5,00	2259	Caronade de 24..............	1,00	1395
——— de 22° n° 1............	3,50	2127	Canon de 18 n° 1............	2,25	1879
——— de 22° n° 2............	3,00	1978	——— de 18 n° 2............	2,25	1848
——— de 22° n° 3...........	2,50	1826	Caronade de 18..............	1,00	1234
Canon de 50.................	8,00	2456	Canon de 12 n° 1............	1,50	1685
——— de 36.................	4,50	2219 (1)	——— de 12 n° 2............	1,50	1654
——— de 30 n° 1............	3,75	2308		1,00	1482
——— de 30 n° 2............	3,75	2277	Caronade de 12..............	0,65	1076
——— de 30 n° 3............	3,00	2134	Obusier de 15° en bronze.......	1,00	1364
——— de 30 n°° 1, 2, 3, 4.......	2,50	2067		0,50	1238
——— de 30 n° 4. Obusier de 16°..	2,00	1904	——— de 12° n° 1 en bronze....	0,400	1030
Caronade de 30..............	1,60	1588		0,300	892
Canon de 24.................	3,00	2068	——— de 12° n° 2 ou obusier de montagne..........	0,270	750

La simple inspection de ce tableau donne lieu à une foule de conséquences. On voit, par exemple, que le tir du canon de 12, n° 1, à boulets massifs et à la charge de $2^k,00$, présente la même justesse que le tir du canon de 36, à boulets creux et à la charge de $4^k,5o$.

§ 34.

L'expression de la déviation moyenne donnée dans le § 8 ne convient pas à tous les tirs; elle suppose des soins et des précautions que l'on prend assez rarement. La valeur qu'elle fournit est donc, en général, inférieure à celle que donnerait l'observation des faits des tirs ordinaires; et, en l'introduisant dans les formules de la probabilité, on trouve, pour cette dernière, un nombre supérieur à celui qui conviendrait à ces tirs.

La probabilité ainsi calculée est donc une limite dont on s'approchera d'autant plus, que le tir sera mieux exécuté; elle indique la précision dont le tir est susceptible.

----

(1) La valeur de $V\frac{p}{a^2}$ est moindre pour le canon de 36 que pour le canon de 30 n° 1, parce que la densité des boulets creux de 17 centimètres est inférieure à celle des boulets creux de 16 centimètres; l'épaisseur des parois de ces derniers a été augmentée; on n'a rien changé à celle des autres.

§ 35.

Le tir habituel des polygones n'offre qu'une très-faible précision; on en jugera par le tableau suivant, extrait de l'ouvrage du général Piobert.

CANON DE 12 DE CAMPAGNE.	NOMBRE DES BOULETS qui, sur 100, ont atteint un blanc de 50ᵉ de diamètre, aux distances de	
	600 mètres.	800 mètres.
Tir des régiments à Metz, pendant 20 ans......	3,1	2,4
Tir de l'école d'application, pendant 10 ans.....	5,1	3,3

Des nombres aussi faibles surprennent au premier abord; car, dans les polygones, les circonstances les plus favorables à la justesse du tir se trouvent réunies, les distances sont parfaitement connues, et il ne peut guère exister d'incertitude relativement à l'inclinaison à donner à la bouche à feu.

Mais la manière dont on procède à ces exercices est bien différente de celle que l'on suit dans les expériences où l'on recherche l'exactitude. Si un coup porte trop bas, on se hâte d'augmenter la hausse; si un boulet passe à droite du but, on dirige le canon un peu vers la gauche. On agit comme si le projectile devait immanquablement atteindre le blanc dès que la pièce est bien pointée. Aux écarts qu'on ne peut éviter, on en ajoute d'autres, et, par suite, la probabilité du tir se trouve considérablement réduite.

§ 36.

Pour montrer tout le parti qu'on peut tirer des formules de probabilité, il convient d'en faire une application qui présente un certain intérêt, et offre en même temps l'occasion de comparer, au point de vue de la justesse du tir, les diverses bouches à feu employées dans l'artillerie navale.

On peut, par exemple, calculer la probabilité d'atteindre, à diverses distances, une frégate de 60.

Hauteur de la partie supérieure du bastingage au-dessus de la flottaison, prise au milieu du bâtiment. . . . . $5^m,55$

Longueur de la frégate, prise à la flottaison, du dehors du taille-mer au dehors de l'étambot. . . . . $55^m,60$

La surface présentée au-dessus de l'eau par la coque de la frégate peut donc être assimilée à un rectangle ABCD, d'une longueur égale à 55^m,6o et d'une hauteur de 5^m,55.

Les formules du § 19 sont ainsi celles qui conviennent au cas actuel : il suffit d'y faire 2 b = 55,6o et 2 h = 5,55; elles supposent essentiellement que la trajectoire moyenne passe toujours au centre O du rectangle. Les valeurs de q sont données par les tables du §. 9.

Tant que la déviation est comprise entre $\frac{h}{3}$ et $\frac{b}{3}$, c'est-à-dire entre 0^m,93 et 9^m,2 7, la for-

Fig. 12.

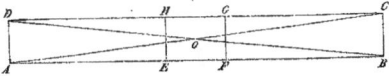

mule (4) est celle dont il faut se servir. A de plus grandes distances, le rectangle ABCD se trouve entièrement compris dans le cercle dont le rayon est 3 q; on doit alors recourir à la formule (1) qui, très-compliquée en apparence, prend une forme très-simple quand on y remplace b, h et α par leurs valeurs.

On abrége, au reste, beaucoup les calculs, en formant une table des probabilités correspondantes à des valeurs de q croissant en progression arithmétique. Pour les valeurs intermédiaires, on n'a plus qu'à prendre des parties proportionnelles.

En multipliant les résultats ainsi obtenus par 100, on a le nombre des boulets qui, sur 100, atteindront probablement le rectangle.

Mais les coups ne seront pas uniformément distribués sur la surface de ce dernier, ils seront évidemment plus rapprochés les uns des autres dans le voisinage du centre O.

Nous décomposerons cette surface en trois parties : celles du milieu sera un carré EFGH, ayant même centre que le rectangle, nous l'appellerons *carré central*; les parties extrêmes AEHD et FBCG seront naturellement désignées par les noms d'*avant* et d'*arrière*.

Le côté du carré central est égal à la hauteur de la partie supérieure du bastingage, au-dessus de la flottaison; on aura donc le nombre de boulets qui atteindront probablement ce carré, en se servant de la formule du § 20, dans laquelle on fera 2 C = 5,55.

Le nombre des projectiles qui frapperont probablement le carré ayant déjà été calculé, une simple soustraction fera connaître ceux qui tomberont sur l'avant ou l'arrière.

On trouvera, dans le paragraphe suivant, les résultats de tous ces calculs.

37.

PROBABILITÉ D'ATTEINDRE UNE FRÉGATE DE 60.

NOMBRE DES BOULETS QUI, SUR 100, ATTEINDRONT PROBABLEMENT LA COQUE D'UNE FRÉGATE DE 60.

[Tableau supérieur]

| BOULETS MASSIFS de 50. Poids: 25k,04 — Diamètre: 0m,194 | | BOULETS MASSIFS de 36. Poids: 17,96 — Diamètre: 0m,168 | | | BOULETS MASSIFS de 30. Poids: 15,062 — Diamètre: 0m,1666 | | | | | | | BOULETS MASSIFS de 24. Poids: 11,53 — Diamètre: 0m,1474 | | | | | BOULETS MASSIFS de 18. Poids: 9,53 — Diamètre: 0m,1310 | | | |

DISTANCES (mètres)	canon de 50	canon de 36	canon de 36	canon de 30 nº1	canon de 30 nº2	canon de 30 nº3	canon de 30 nº1,2,3,4	canon de 24	canon de 24	canon de 24	canon de 18 nº1	canon de 18 nº2	canon de 18
800													
1,000													
1,200													
1,400													
1,600													
1,800													
2,000													
2,200													
2,400													

[Tableau inférieur]

BOULETS MASSIFS de 12.					BOULETS CREUX de 27. Poids: 10k,60 — Diam.: 0m,271	BOULETS CREUX de 22. Poids: 27k,08 — Diam.: 0m,2506					BOULETS CREUX de 16. Poids: 12k,460 — Diam.: 0m,2108									BOULETS CREUX de 15. Poids: 9k,63 — Diam.: 0m,2082	BOULETS CREUX de 12. Poids: 9k,630 — Diam.: 0m,1868	

DISTANCES (mètres)
800
1,000
1,200
1,400
1,600
1,800
2,000

	BOULETS CREUX DE 12°.											
	Poids........ 4ᵏ,310											
	Diamètre..... 0ᵐ,1184											
	CANON DE 12 N° 1. Charge : 1ᵏ,500.			CANON DE 12 N° 2. Charge : 1ᵏ,500.			CANONS DE 12 Nᵒˢ 1 ET 2. Charge : 1ᵏ,00.			CARONADE DE 12. Charge : 0ᵏ,65.		
DISTANCE (mètres).	Carré central.	Avant et arrière.	TOTAL.	Carré central.	Avant et arrière.	TOTAL.	Carré central.	Avant et arrière.	TOTAL.	Carré central.	Avant et arrière.	TOTAL.
800	49	19	68	49	19	68	42	19	61	27	18	45
1,000	31	19	50	30	19	49	26	18	44	16	15	31
1,200	20	17	37	20	16	36	17	15	32	11	10	21
1,400	14	14	28	14	13	27	11	12	23	7	7	14
1,600	10	11	21	10	10	20	8	9	17	"	"	"
1,800	7	8	15	7	8	15	"	"	"	"	"	"

§ 38.

Tant que la déviation extrême ne surpasse pas la demi-longueur de la frégate, qui est d'environ 28 mètres, les boulets qui n'atteignent pas la coque se partagent en deux groupes à peu près égaux, les uns tombent à la mer en deçà du bâtiment, les autres passent par-dessus la coque et traversent le gréement.

Supposons, par exemple, que la bouche à feu soit un canon de 30, n° 1, que les boulets soient massifs et la charge de 5 kilogrammes.

A la distance de 1,200 mètres, la déviation moyenne est de 4ᵐ,6 ; les déviations extrêmes sont, par suite, de 14 mètres environ. D'après les tables du § 37, 40 boulets pénètrent dans le carré central, 19 tombent sur l'avant ou l'arrière, 41 n'atteignent pas la coque de la frégate, mais la moitié environ de ces derniers traverse le gréement.

§ 39.

Toutefois ces résultats du calcul ne sont que des probabilités, et, quand on ne tire que 100 coups, on ne doit pas s'attendre à voir les projectiles se distribuer d'une manière aussi régulière.

L'exactitude des tables dépend, d'ailleurs, de plusieurs conditions qu'il est essentiel de bien se rappeler. Il faut que la frégate se présente par le travers, que la hausse du canon soit bien celle qui convient à la distance, enfin que la ligne de mire soit constamment dirigée vers le point central de la coque.

Toutes les bouches à feu qui agissent simultanément sur la frégate doivent être pointées de cette manière. Il est évident, a priori, que ce procédé est celui qui offre le plus de chances d'atteindre la coque, et qu'il tend à accumuler sur le carré central le plus grand nombre possible de boulets, ce qui est un moyen certain de mettre promptement l'ennemi hors de combat.

Lorsque la distance est bien connue, il convient de se tenir en garde contre cette tendance naturelle qui porte à changer continuellement le pointage. On a vu, dans le § 35, combien ces variations sont nuisibles à la justesse du tir.

Quand la distance est mal appréciée, les tables cessent évidemment d'être applicables, et il n'existe alors aucune base sur laquelle on puisse établir un calcul de probabilités.

Les tables offrent le maximum de ce que l'on peut espérer dans les circonstances les plus favorables. Présentées à un autre point de vue, elles induiraient en erreur.

§ 40.

Souvent le tir a pour but la destruction d'un obstacle, c'est-à-dire la disjonction de toutes les parties qui composent ce dernier; cette destruction ne peut s'opérer qu'à l'aide d'une certaine dépense de force vive à laquelle elle est proportionnelle.

Supposons d'abord que tous les projectiles soient massifs, N désignant leur nombre et Π la probabilité du tir, le nombre probable des boulets qui atteindront l'obstacle sera ΠN.

Soit encore v la vitesse d'un projectile au moment du choc, et p le poids, la force vive de ce corps sera égale à $\frac{p v^2}{g}$; la lettre g désignant la gravité; donc, la force vive des ΠN boulets sera égale au produit.

$$\frac{\Pi N p v^2}{g}.$$

Cette expression représente donc la *puissance destructive probablement transportée sur l'obstacle*; c'est ce qu'on peut appeler l'*espérance mathématique du tir*.

Il est du plus haut intérêt de comparer, à ce point de vue, les diverses bouches à feu dont on fait usage. Si alors le nombre des boulets est le même pour toutes les pièces, il est inutile de s'occuper du facteur N, et par suite il est permis de réduire l'expression à

$$\frac{\Pi p v^2}{g}.$$

La probabilité Π peut être calculée à l'aide de l'une des formules qui ont été données précédemment. La vitesse v dépend 1° de la vitesse initiale, 2° de l'éloignement du but, 3° du produit ad ou du rapport $\frac{p}{a^2}$; on peut l'évaluer approximativement à l'aide de la formule que la Commission de Metz a déduite de ses expériences, et qui est rapportée dans la *Balistique* de M. Didion, page 397.

Lorsque le but est une frégate de 60, la valeur de Π est donnée par les tables du § 37; il suffit de diviser par 100 le nombre total des boulets qui, sur 100, doivent probablement atteindre la frégate.

Ainsi, s'il s'agit du canon de 30, n° 1, si la charge est de $3^k,75$, et la distance de 1,200 mètres, on a $\Pi = 0,56$. La vitesse initiale est égale à 455 mètres; à 1,200 mètres, elle est réduite à 224 mètres, d'après la formule de la Commission de Metz. D'ailleurs, $p = 15^k,00$ et $g = 9^m,81$; par suite, $\frac{\Pi p v^2}{g} = 433,000.$

C'est ainsi qu'on a formé les tables suivantes :

§ 41.

TIR À BOULETS MASSIFS CONTRE UNE FRÉGATE DE 60.

TABLEAU COMPARATIF DES FORCES DESTRUCTIVES PROBABLEMENT TRANSPORTÉES SUR LA FRÉGATE.

DISTANCE (mètres).	CANON DE 50. Charge: 5k,00.	CANON DE 36. Charge: 6k,00.	CANON DE 36. Charge: 4k,50.	CANON DE 30 n° 1. Charge: 5k,00.	CANON DE 30 n° 1. Charge: 3k,75.	CANON DE 30 n° 2. Charge: 3k,75.	CANON DE 30 n° 3. Charge: 3k,00.	CANONS DE 30 n°s 1, 2, 3, 4. Charge: 2k,50.	CANON DE 30 n°4. OBUSIER DE 16c. Charge: 2k,00.	CARONADE DE 36. Charge: 1k,60.
0	521400	420000	379400	362100	318700	306200	268900	242300	207300	157600
800	215500	144700	129900	116800	104700	98700	87800	79200	66800	48800
1,000	152700	98800	87700	78600	68700	65600	56100	50200	41400	29600
1,200	101200	64600	55900	50200	43300	41400	35300	31400	26700	18200
1,400	69500	42500	37400	33200	28500	27100	22800	20600	17000	11800
1,600	49800	28900	25000	22100	18800	17700	15700	13700	11000	9400
1,800	34300	19700	17100	14900	12400	11700	10200	8900	7300	4900
2,000	24200	13400	11500	10000	8200	8000	7000	5900	4800	//

DISTANCE (mètres).	CANON DE 24. Charge: 4k,00.	CANON DE 24. Charge: 5k,00.	CARONADE de 24. Charge: 1k,30.	CANON DE 18 n° 1. Charge: 3k,00.	CANON DE 18 n° 1. Charge: 2k,25.	CANON DE 18 n° 2. Charge: 2k,25.	CARONADE de 18. Charge: 1k,00.	CANON DE 12 n° 1. Charge: 2k,00.	CANON DE 12 n° 1. Charge: 1k,500.	CANON DE 12 n° 2. Charge: 1k,500.	CANONS DE 12 n°s 1 et 2. Charge: 1k,00.	CARONADE de 12. Charge: 0k,65.
0	293200	255100	115400	231500	200800	195600	94000	155300	135500	131400	99400	55900
800	85100	73700	30800	57400	51400	49800	21900	29800	26300	25600	18900	9500
1,000	54700	46400	18200	35300	30900	30300	12900	17100	14600	14400	10300	5200
1,200	33900	29000	10900	21800	18600	18200	7400	10000	8600	8400	6000	2800
1,400	21700	18400	6900	13500	11500	11300	4300	6000	5200	5100	3500	1600
1,600	14000	12100	4200	8700	7000	7300	2200	3500	3000	3000	2000	//
1,800	9100	7800	2500	5600	4700	4500	1600	2200	1800	1800	1200	//
2,000	6200	5200	//	3500	2900	2900	//	1300	1100	1100	//	//

§ 42.

On voit avec quelle rapidité l'efficacité du tir décroît à mesure que la distance devient plus grande. Ainsi, avec le canon de 30, n° 1, et la charge de $3^k,75$, les effets probables de trois groupes, composés d'un même nombre de boulets, lancés les uns à 800 mètres, les autres à 1,200 mètres, les derniers à 2,000 mètres contre la frégate de 60, seraient à peu près proportionnels aux nombres 12, 5 et 1. Dans la pratique, le décroissement serait encore plus rapide, attendu que l'évaluation de la distance présente d'autant plus de difficultés que cette dernière est plus grande.

On peut se servir des tables précédentes pour comparer entre elles les diverses bouches à feu.

Prenons, par exemple, le canon de 30, n° 1, et le canon de 24, à la charge dite du quart du poids du boulet, c'est-à-dire de $3^k,75$ pour le premier et de $3^k,00$ pour le second. En supposant le même nombre de projectiles de part et d'autre, les forces destructives probablement transportées sur la frégate sont, à la distance de 1200 mètres, dans le rapport de 3 à 2, en sorte qu'alors 2 canons de 30 équivalent à 3 canons de 24. L'avantage du canon de 30 croît, d'ailleurs, avec la distance; à 2,000 mètres, le rapport devient à peu près égal à $\frac{8}{5}$.

Comparons encore le canon de 36 et le canon de 30, n° 1; supposons qu'on se serve de la charge dite du tiers du poids du projectile, laquelle est de 6 kilogrammes pour le premier canon et de 5 kilogrammes pour le second, de 800 à 2,000 mètres, le rapport des forces destructives, transportées sur la frégate, varie entre 1,26 et 1,34 : de là il résulte que dix canons de 36 équivalent à plus de 12 canons de 30 quand la distance est de 800 mètres, et à plus de 13 quand elle est de 2,000 mètres; c'est donc avec raison que, pour l'armement des batteries de côte, on préfère les canons de 36 aux canons de 30.

Ce qu'on vient de dire suppose que le nombre des coups est le même de part et d'autre. On obtiendrait une comparaison plus rigoureuse en tenant compte de la rapidité plus ou moins grande du tir; mais il faudrait pour cela que, par des épreuves faites avec soin, on eût déterminé les nombres de coups que peuvent fournir, dans un même intervalle de temps, les diverses bouches à feu.

§ 43.

La formule de l'espérance mathématique du tir donnée dans le § 40 devient incomplète quand il s'agit des boulets creux, attendu qu'il faut tenir compte des résultats produits par leur explosion.

Admettons pour plus de simplicité qu'à la suite de cette dernière tous les fragments du projectile et même les gaz soient animés d'une même vitesse v_1, il en résultera une production de force vive représentée par $\frac{p}{g} v_1^2$.

Le nombre probable des projectiles qui atteignent le but est ΠN (§ 41); mais il s'en trouve toujours quelques-uns qui n'éclatent pas, soit donc Π, la probabilité de l'explosion.

7

Le nombre probable des explosions efficaces est alors $\Pi\Pi_1 N$ et la force vive correspondante est $\dfrac{\Pi\Pi_1 N}{g} p v_1^2$. En l'ajoutant à $\dfrac{\Pi N}{g} p v^2$ (§ 41), on obtient

$$\frac{\Pi N p}{g} \left(v^2 + \Pi_1 v_1^2 \right)$$

pour l'expression de l'espérance mathématique du tir des boulets creux.

En faisant abstraction du facteur N, on la réduit à

$$\frac{\Pi p}{g} \left(v^2 + \Pi_1 v_1^2 \right).$$

Pour passer aux applications, il faudrait connaître les valeurs de Π_1 et de v_1.

Lorsqu'il s'agit d'obus dits à percussion, la probabilité Π_1 de l'explosion dépend de la violence du choc, et, par conséquent, de la distance qui sépare le but de la batterie ; mais l'expérience n'a fourni encore aucune donnée assez précise pour servir de base à un calcul (1).

Lorsque les obus sont à fusées, on peut admettre, sans grande erreur, que $\Pi_1 = 0,8$; nous adopterons cette valeur afin de présenter quelques résultats numériques.

D'après quelques expériences rapportées par le général Piobert, la vitesse moyenne des éclats serait d'environ 160 mètres. Nous prendrons donc $v_1 = 160$; peut-être, cependant, devrait-on adopter une valeur un peu plus forte, car, à la suite de l'explosion, les gaz ont sans doute une vitesse supérieure à celle des débris des projectiles.

Quoi qu'il en soit, c'est d'après ces données un peu douteuses que l'on a formé les tables du paragraphe suivant.

§ 44.

TIR À BOULETS CREUX CONTRE UNE FRÉGATE DE 60.

TABLEAU COMPARATIF DES FORCES DESTRUCTIVES TRANSPORTÉES SUR LA FRÉGATE.

DISTANCE (mètres).	OBUSIER DE 22° n° 1. Charge : 3k,500.	OBUSIER DE 22° n° 2. Charge : 3k,00.	OBUSIER DE 22° n° 3. Charge : 2k,500.	CANONS DE 30 n°s 1 et 2. Charge : 3k,75.	CANONS DE 30 n°s 1, 2, 3 et 4. Charge : 2k,50.	CANON DE 30 n° 4. OBUSIER DE 16°. Charge : 2k,00.	CARONADE DE 30. Charge : 1k,60.
0	458000	403300	352500	335600	273800	235400	167400
800	155500	136800	111900	80100	67400	58900	42200
1,000	101000	89400	71500	49300	41800	30900	26000
1,200	67000	58800	48500	31200	26700	22900	16800
1,400	46300	41300	33500	21000	18400	15400	11100
1,600	32200	28300	22700	14500	12100	10700	7400
1,800	23000	20900	"	10000	8400	7300	"
2,000	16000	"	"	7100	5900	"	"

(1) Lorsque le mobile est animé d'une très-grande vitesse, il peut être brisé en traversant une muraille en chêne, et, si la charge intérieure s'enflamme, elle ne produit qu'une très-faible explosion.

§ 45.

On peut comparer maintenant entre elles les forces destructives dues, les unes au tir des boulets massifs, les autres au tir des boulets creux.

Prenons, par exemple, le canon de 30, n° 1, et supposons la charge de $3^k,75$, le rapprochement des tables des §§ 41 et 44 suffit pour faire voir qu'entre 800 et 2,000 mètres le tir à boulets massifs est celui auquel correspond la plus grande force destructive.

De même, si l'on compare le tir à boulets creux de l'obusier de 22 centimètres, n° 1, et le tir à boulets massifs du canon de 36, on reconnaîtra que la supériorité appartient à la première de ces deux bouches à feu.

Il est inutile de multiplier davantage les exemples.

Mais la comparaison des forces destructives ne suffit pas pour décider à quel genre de projectiles il convient de donner la préférence. Il n'est peut-être pas inutile d'entrer, à cet égard, dans quelques détails qui, au premier abord, semblent étrangers à l'objet principal de ce mémoire.

§ 46.

Lorsqu'un boulet massif traverse la muraille d'un bâtiment, il y opère une certaine destruction et en arrache de nombreux fragments qui se répandent dans la batterie ; il perd ainsi une partie de sa force vive, et celle qu'il possède encore produit d'autres destructions, soit dans la batterie, soit dans la muraille opposée.

Mais à une certaine distance, le mobile cesse de traverser la muraille, et toute sa force vive se consume dans les effets qu'il produit sur cette dernière.

Il est important de connaître cette distance, au moins approximativement.

Les expériences exécutées à Gâvre ont conduit à la formule suivante qui donne la pénétration Z d'un projectile dans un massif en chêne et d'une grande épaisseur.

$$ Z = 4,48 \frac{p}{a^2} \log \left(1 + \frac{U^2}{10^4} \right). $$

La vitesse U du mobile est exprimée en mètres ; la pénétration Z et le diamètre a en décimètres ; enfin, le poids p en kilogrammes. Les logarithmes sont ceux des tables ordinaires.

Mais cette formule ne peut être employée qu'autant que l'épaisseur E du massif surpasse $\frac{4Z}{3}$; lorsque l'épaisseur devient moindre, les pénétrations réelles l'emportent sur les pénétrations calculées, et le massif est bientôt traversé.

On aura donc très-approximativement la vitesse maximum dont peut être animé le projectile lorsqu'il est complétement arrêté par un massif d'une épaisseur E en faisant $Z = \frac{3}{4} E$ et résolvant ensuite l'équation par rapport à U.

Il faudra ensuite chercher à quelle distance le mobile possède cette vitesse.

Il est facile, d'après cela, de concevoir la formation de la table suivante :

7.

TIR À BOULETS MASSIFS.

BOUCHE À FEU.	CHARGE.	DISTANCE À LAQUELLE LE PROJECTILE est arrêté par une muraille massive en chêne, et dont l'épaisseur est de			DISTANCE À LAQUELLE la pénétration est égale au diamètre du boulet.
		40°.	60°.	80°.	
	kil.	mètres.	mètres.	mètres.	mètres.
Canon de 50...............................	8,00	2,400	1,800	1,350	2,600
—— de 30...............................	6,00	2,000	1,500	1,100	2,600
—— de 36...............................	4,50	1,900	1,400	1,050	2,500
—— de 30 n° 1.............................	5,00	1,800	1,300	1,000	2,600
—— de 30 nos 1 et 2.........................	3,75	1,700	1,200	900	2,500
—— de 30 nos 1, 2, 3, 4......................	2,50	1,500	1,000	700	2,300
—— de 30 n° 4. Obusier de 16°..............	2,00	1,400	900	600	2,200
Caronade de 30.............................	1,60	1,200	700	400	2,000
Canon de 24...............................	4,00	1,600	1,150	850	2,300
—— de 24...............................	3,00	1,500	1,050	750	2,200
Caronade de 24.............................	1,30	1,100	650	350	1,800
Canon de 18 nos 1 et 2........................	3,00	1,350	950	650	2,200
—— de 18 nos 1 et 2.........................	2,25	1,250	850	600	2,100
Caronade de 18.............................	1,00	850	400	200	1,700
Canon de 12 n° 1	2,00	1,050	700	500	1,800
—— de 12 nos 1, 2 et 3......................	1,500	950	650	400	1,700
Caronade de 12.............................	0,65	450	150	0	1,200

Il est important de faire observer que cette table suppose les murailles massives et entièrement composées de chêne. En réalité, il n'en est point ainsi, les murailles des bâtiments ont des mailles et sont percées de nombreux sabords; enfin, souvent le bordé et le vaigrage sont formés de sapin.

§ 47.

Lorsqu'un boulet creux traverse la muraille d'un bâtiment, il n'éclate ordinairement qu'après en être sorti, et l'explosion ne produit de ravage que dans l'intérieur de la batterie.

Mais, si le projectile est arrêté dans la muraille, l'explosion devient pour cette dernière une cause de destruction.

TIR À BOULETS CREUX.

BOUCHE À FEU.	CHARGE.	DISTANCE À LAQUELLE LE PROJECTILE est arrêté par une muraille massive en chêne, et dont l'épaisseur est de			DISTANCE À LAQUELLE la pénétration est égale au diamètre du projectile.
		40°.	60°.	80°.	
	kil.	mètres.	mètres.	mètres.	mètres.
Obusier de 22ᶜ n° 1...........................	3,50	1,200	800	500	1,600
——— de 22ᶜ n° 2...........................	3,00	1,100	700	400	1,500
——— de 22ᶜ n° 3...........................	2,50	900	500	200	1,300
Canon de 30 nᵒˢ 1 et 2......................	3,75	1,100	750	500	1,400
——— de 30 nᵒˢ 1, 2, 3, 4....................	2,50	1,000	650	400	1,300
——— de 30 n° 4 et obusier de 16ᶜ.............	2,00	900	600	350	1,200
Caronade de 30.............................	1,60	650	350	200	1,000

Pour offrir quelque application, prenons un canon de 3o, n° 1; supposons la charge de 3ᵏ,75, et comparons, comme dans le § 45, le tir des boulets massifs au tir des boulets creux.

Rappelons-nous qu'aux premiers correspond une force destructive supérieure, du moins entre 800 et 2,000 mètres.

Admettons que la muraille soit massive et ait 60 centimètres d'épaisseur, lorsque la distance sera inférieure à 700 mètres, les boulets creux traverseront la muraille, et n'éclateront, en général, qu'après en être sortis. Quand la distance sera d'environ 750 mètres, ces projectiles seront arrêtés dans la membrure, et c'est alors que leur explosion aura lieu; il est clair que la muraille sera beaucoup plus endommagée que si elle n'était atteinte que par des boulets massifs qui ne feraient que la traverser.

Mais l'avantage que présenteront, dans ce cas, les boulets creux décroîtra à mesure que la distance deviendra plus grande, attendu qu'ils pénétreront à une moindre profondeur.

Lorsque la distance sera d'environ 1,200 mètres, on obtiendra une destruction plus prompte en se servant de boulets massifs qui, cessant de traverser la muraille, épuiseront contre elle toute leur force vive.

§ 48.

La formule de l'espérance mathématique du tir, telle qu'elle a été donnée dans les §§ 41 et 44, n'est autre chose que l'expression de la quantité probable de force vive que le tir doit accumuler sur l'objet à atteindre, c'est là sa vraie signification, qu'il ne faut jamais perdre de vue. Souvent l'effet qu'on veut obtenir dépend moins de la grandeur de cette force vive que de certaines circonstances particulières. Les conséquences déduites des formules ne sont pas alors applicables ; quelquefois, par exemple, il importe que la force destructive soit dispersée sur un certain espace, et, dans ce cas, on fait usage du tir à mitraille.

NOTE I.

La ligne droite n'est pas la seule que l'on puisse substituer à la courbe des probabilités des déviations sans que l'accord cesse d'être satisfaisant. Si l'on conserve les notations du § 12, toute ligne dont on pourra faire choix aura une équation de la forme

$$y = F(r),$$

la fonction $F(r)$ étant positive et décroissante depuis $r = o$ jusqu'à la limite où elle devra s'annuler. Souvent, dans de pareilles circonstances, on prend une courbe ayant pour asymptote l'axe or des abscisses; alors, la fonction $F(r)$ ne devient nulle que quand $r = \infty$. Sans doute un semblable choix ne laisse aucune limite à la grandeur des déviations, ce qui est inadmissible; mais cet inconvénient est fortement atténué, si la courbe se rapproche rapidement de l'axe des abscisses.

Soit, par exemple,

$$y = c^2 e^{-a^2 r^2},$$

c et a désignant deux constantes, et e la base des logarithmes népériens. Entre les points qui correspondent aux abscisses $r = o$ et $r = \frac{1}{a\sqrt{2}}$, la courbe tourne sa convexité vers l'axe or; au-delà c'est le contraire qui a lieu.

Dans cette hypothèse, l'expression de la déviation moyenne est

$$q'' = \frac{\displaystyle\int_{o}^{\infty} e^{-a^2 r^2} r \, dr}{\displaystyle\int_{o}^{\infty} e^{-a^2 r^2} \, dr}.$$

C'est, en d'autres termes, l'abscisse du centre de gravité de l'aire comprise entre la courbe et l'axe or.

Or $\displaystyle\int_{o}^{r} e^{-a^2 r^2} r \, dr = \frac{1}{2 a^2} \left(1 - e^{-a^2 r^2} \right)$; donc $\displaystyle\int_{o}^{\infty} e^{-a^2 r^2} r \, dr = \frac{1}{2 a^2}$.

Quant à l'autre intégrale, en faisant $ar = t$, on a $\displaystyle\int e^{-a^2 r^2} \, dr = \frac{1}{a} \int e^{-t^2} \, dt$; et l'on sait que $\displaystyle\int_{o}^{\infty} e^{-t^2} \, dt = \frac{\sqrt{\pi}}{2}$; donc $\displaystyle\int_{o}^{\infty} e^{-a^2 r^2} \, dr = \frac{\sqrt{\pi}}{2a}$.

Par suite

$$q = \frac{1}{a\sqrt{\pi}} \text{ et } a = \frac{1}{q\sqrt{\pi}}.$$

La probabilité d'atteindre le cercle dont le rayon est r est donnée par la formule

$$\Pi = \frac{\displaystyle\int_0^r e^{-a^2 r^2} d r}{\displaystyle\int_0^\infty e^{-a^2 r^2} d r},$$

qui, d'après ce qu'on vient de voir, se transforme en

(a)
$$\Pi = \frac{2}{\sqrt{\pi}} \int_0^t e^{-t^2} d t,$$

la limite supérieure de l'intégrale étant $t = ar$ ou $t = \frac{r}{q\sqrt{\pi}}$.

La formule (a) se reproduit souvent dans les recherches relatives aux probabilités. On en trouve diverses valeurs dans une note de Poisson, insérée dans le n° 3 du *Mémorial de l'artillerie*, et on peut s'en servir pour comparer les résultats qu'elle fournit à ceux qui se déduisent de la formule du § 15, savoir :

(b)
$$\Pi = \frac{2\,r}{3\,q} - \frac{r^2}{3\,q^2},$$

lorsque r ne surpasse pas $3\,q$.

VALEUR DE r.	PROBABILITÉ D'ATTEINDRE LE CERCLE dont le rayon est r, calculée d'après la formule	
	(a).	(b).
$r = 0,446\,q$	0,276	0,275
$r = 0,886\,q$	0,520	0,504
$r = 1,329\,q$	0,711	0,690
$r = 1,772\,q$	0,843	0,833
$r = 2,216\,q$	0,923	0,932
$r = 2,629\,q$	0,966	0,987
$r = 3\,q$	0,983	1,000

Les différences s'élèvent au plus à 0,02, et il serait bien difficile de décider par l'expérience laquelle de ces deux formules est préférable.

NOTE II.

Plusieurs auteurs, considérant séparément les déviations dans le sens horizontal et les déviations dans le sens vertical, ont supposé entre elles une complète indépendance.

Soit alors $f(x)$ la probabilité d'obtenir la déviation x et $\varphi(z)$ celle d'avoir la déviation verticale z. La probabilité d'une déviation quelconque étant supposée indépendante de son sens, on doit avoir $f(x) = f(-x)$ et $\varphi(z) = \varphi(-z)$.

Fig. 13.

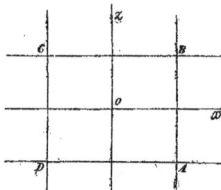

L'intégrale

$$\int_{-x_1}^{+x_1} f(x)\, dx \quad \text{ou} \quad 2\int_0^{x_1} f(x)\, dx$$

donne la probabilité d'atteindre la bande indéfinie comprise entre deux verticales AB, CD, situées l'une à droite, l'autre à gauche de l'origine des coordonnées, à une distance de ce point égale à x_1.

De même l'intégrale

$$\int_{-z_1}^{+z_1} \varphi(z)\, dz \quad \text{ou} \quad 2\int_0^{z_1} \varphi(z)\, dz$$

exprime la probabilité de frapper une autre bande indéfinie comprise entre deux horizontales BC, AD, placées l'une au-dessus, l'autre au-dessous de l'origine et à une distance de ce point égale à z_1.

Considérons actuellement un élément dx, dz, ayant pour coordonnées x et z. La probabilité de l'atteindre est

$$f(x)\, \varphi(z)\, dx\, dz.$$

8

Par conséquent l'intégrale double

$$\iint f(x)\, \varphi(z)\, dx\, dz,$$

prise entre les limites $x = -x_1$ et $x = x_1$, $z = -z_1$ et $z = z_1$, fait connaître la probabilité de frapper le rectangle ABCD commun aux deux bandes. Comme x n'entre pas dans $\varphi(z)$, ni z dans $f(x_1)$, cette expression peut être remplacée par la suivante :

$$\left(\int_{-x_1}^{x_1} f(x)\, dx \right) \left(\int_{-z_1}^{+z_1} \varphi(z)\, dz \right),$$

où les deux intégrales sont multipliées l'une par l'autre. On voit que la probabilité d'atteindre le rectangle ABCD est égale au produit des probabilités de frapper les deux bandes comprises entre ses côtés parallèles indéfiniment prolongés.

Ce principe, dont on fait souvent usage, cesse, en général, d'être exact, lorsqu'on regarde la déviation horizontale et la déviation verticale comme les effets simultanés d'une même cause; en sorte qu'elles ne sont que les deux composantes d'une certaine déviation produite par cette cause.

Il n'est pas applicable au cas où la loi de la probabilité des déviations est représentée par une ligne droite. Qu'il s'agisse, par exemple, d'un carré ayant pour côté le double de la déviation moyenne. Les deux bandes, l'une horizontale, l'autre verticale, comprises entre les côtés parallèles, indéfiniment prolongées, offrent la même probabilité d'être atteintes; et, pour la calculer, il n'y a qu'à faire $h = q$ dans la formule (4) du § 18, et à multiplier ensuite par 4 le résultat qu'on obtient. On trouve ainsi que la probabilité d'atteindre chacune des bandes est égale à 0,764. D'un autre côté, en faisant $x = q$ dans la formule du § 20, on voit que la probabilité d'atteindre le carré est égale à 0,608. Pour que le principe en question fût applicable au cas actuel, il faudrait donc qu'on eût l'égalité 0,608 $=$ (0,764)(0,764); or (0,764)² est compris entre 0,583 et 0,584.

FIN.

Imprimerie impériale. — Juillet 1854.

BIBLIOTHEQUE NATIONALE DE FRANCE

www.ingramcontent.com/pod-product-compliance
Lightning Source LLC
Chambersburg PA
CBHW070857210326
41521CB00010B/1966